KB041454

Lim Kyung Keun
Hair Style Design-Man Hair 114
임경근 헤어스타일 디자인-맨 헤어 114

Written by Lim, Kyung Keun

(주)광문각출판미디어
www.kwangmoonkag.co.kr

Written by Lim, Kyung Keun

임경근은 국내 및 일본 헤어숍 8년 근무, 세계적인 두발 화장품 회사 근무, 헤어숍 운영 28년의 경험을 쌓고 있으며, 90년대 중반부터 얼굴형, 신체의 인체 치수를 연구하고 관상 심리를 연구했으며, 헤어스타일 디자인을 위해 미술을 시작하여 미용 이론과 현장 경험을 토대로 디자인적 가치관을 정립하여 독창적 헤어스타일 디자인을 창출하는 데 노력하고 있습니다.

15년 전부터 AI 시대를 대응하여 얼굴형을 분석하여 헤어스타일을 상담하고 정보를 공유하는 시스템에 대한 연구를 통해 관련 기술과 콘텐츠를 축적하고 있으며, 차별화되고 혁신적인 헤어숍 시스템 서비스를 준비하고 있습니다.

임경근은 헤어 메이크업뿐만 아니라 미술, 포토그래피, 디자인(웹, 앱디자인, 편집디자인, 인테리어 디자인 등), 디지털 일러스트레이션을 토대로 헤어스타일 디자인과 트렌드를 제시하고 퀄리티 높은 콘텐츠를 제작하고 있습니다.

저서
• Hair Mode 2000(헤어스타일 일러스트레이션 & 헤어 커트 이론)
• Hair Mode 2001(헤어스타일 일러스트레이션 & 헤어 커트 이론)
• Hair Design & Illustration
• Interactive Hair Mode(헤어스타일 일러스트레이션)
• Interactive Hair Mode(기술 매뉴얼)
• Lim Kyung Keun Creative Hair Style Design
• Lim Kyung Keun Hair Style Design-Woman Short Hair 270
• Lim Kyung Keun Hair Style Design-Woman Medium Hair 297
• Lim Kyung Keun Hair Style Design-Woman Long Hair 233
• Lim Kyung Keun Hair Style Design-Man Hair 114
• Lim Kyung Keun Hair Style Design-Technology Manual

Face
Form
Analysis
Hair Style
Design
Makeup
Wedding
Satisfacion
Be moved

CONTENTS Man Hair Style Design

013page   014page   015page

016page   017page   018page

019page   020page   021page

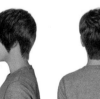

022page   023page   024page

CONTENTS   Man Hair Style Design

       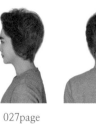 

CONTENTS Man Hair Style Design

037page　　　　　　　　038page　　　　　　　　039page

040page　　　　　　　　041page　　　　　　　　042page

043page　　　　　　　　044page　　　　　　　　045page

046page　　　　　　　　047page　　　　　　　　048page

CONTENTS   Man Hair Style Design

CONTENTS   Man Hair Style Design

 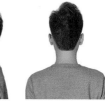      

CONTENTS Man Hair Style Design

CONTENTS Man Hair Style Design

085page 086page 087page

088page 089page 090page

091page 092page 093page

094page 095page 096page

CONTENTS Man Hair Style Design

CONTENTS   Man Hair Style Design

CONTENTS   Man Hair Style Design

Man Hair Style Design

MAN-2021-001-1

MAN-2021-001-2

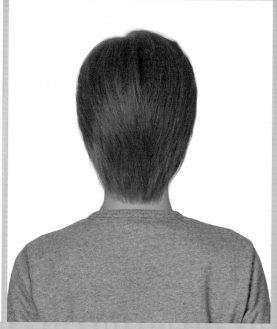

MAN-2021-001-3

Face Type

| 계란형 | 긴계란형 | 둥근형 | 역삼각형 |
| 육각형 | 삼각형 | 네모난형 | 직사각형 |

Hair Cut Method-
Technology Manual 093 Page 참고

윤기 있고 반짝이는 질감으로 매끄러운 흐름이 부드럽고 세련된 헤어스타일!

- 이마를 드러내고 자연스럽게 빗겨 넘긴 긴 길이의 생머리의 흐름이 자연스럽고 부드러운 이미지를 주는 헤어스타일입니다.
- 언더에서 하이 그러데이션 커트를 하고, 톱 쪽으로 레이어드를 넣어서 들뜨지 않는 차분한 흐름을 연출합니다.
- 모발 길이 중간, 끝부분에서 틴닝 커트를 하여 가벼운 질감을 연출합니다.
- 곱슬머리는 원컬 스트레이트 파마를 합니다.
- 헤어 드라이기로 뿌리부터 말리면서 80%를 말린 후 글로스 왁스를 고르게 바르고, 손가락 빗질하면서 드라이하여 자연스러운 움직임을 연출합니다.

Man Hair Style Design

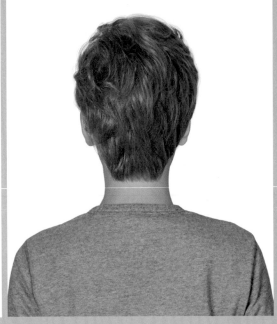

MAN-2021-002-1   MAN-2021-002-2   MAN-2021-002-3

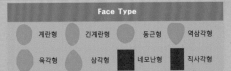

Face Type			
계란형	긴계란형	둥근형	역삼각형
육각형	삼각형	네모난형	직사각형

Hair Cut Method-
Technology Manual 093 Page 참고

헤어스타일 작품을 보는 듯 풍성한 웨이브 컬의 율동이 세련되고 트렌디한 헤어스타일!

• 부드럽고 풍성한 볼륨의 웨이브 컬이 부드러운 실루엣으로 연출되는 느낌이 영화처럼 작품을 보는 듯 우아하고 품격이 느껴지는 트렌디한 개성의 아름다움을 주는 헤어스타일입니다.

• 언더에서 미디엄 그러데이션을 커트하여 목선을 깨끗하게 연출하고, 톱 쪽으로 레이어드를 넣어서 자연스러운 실루엣을 연출합니다.

• 전체를 틴닝 커트로 가벼운 흐름을 연출합니다.

• 굵은 롤로 1.2~1.8컬의 파마를 해 줍니다.

• 헤어 드라이기로 뿌리부터 말리면서 70%를 말린 후 글로스 왁스를 고르게 바르고, 손가락 빗질하면서 드라이하여 자연스러운 연출을 합니다.

Man Hair Style Design

MAN-2021-003-1

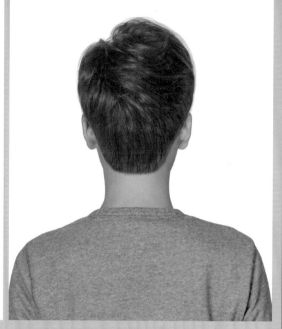

MAN-2021-003-2

MAN-2021-003-3

Face Type			
계란형	긴계란형	둥근형	역삼각형
육각형	삼각형	네모난형	직사각형

Hair Cut Method-
Technology Manual 035, 093 Page 참고

살아 움직이는 듯 두둥실 꿈틀거리는 웨이브 컬이 세련되고 매력적인 헤어스타일!

• 짧은 헤어스타일이지만 두정부에서 풍성한 웨이브 컬의 율동감이 트렌디하면서 매혹적인 큐트 감각의 헤어스타일입니다.

• 언더에서 하이 그러데이션을 커트하여 목선을 깨끗하게 연출하고, 톱 쪽으로 레이어드를 넣어서 자연스러운 실루엣을 연출합니다.

• 전체를 틴닝 커트로 가벼운 흐름을 연출합니다.

• 굵은 롤로 1.2~1.8컬의 파마를 해 줍니다.

• 헤어 드라이기로 뿌리부터 말리면서 70%를 말린 후 글로스 왁스를 고르게 바르고, 손가락 빗질하면서 드라이하여 자연스러운 연출을 합니다.

Man Hair Style Design

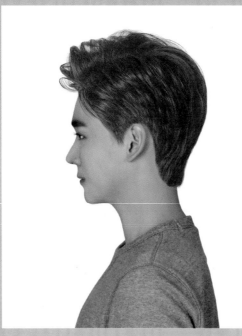

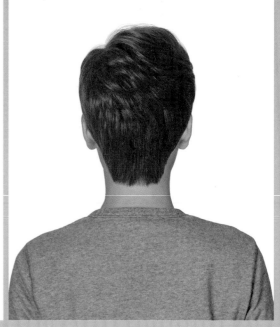

MAN-2021-004-1   MAN-2021-004-2   MAN-2021-004-3

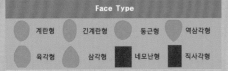

Face Type			
계란형	긴계란형	둥근형	역삼각형
육각형	삼각형	네모난형	직사각형

Hair Cut Method-
Technology Manual 035, 093 Page 참고

시원하게 이마를 드러내어 높은 볼륨으로 올려 빗은 흐름이 세련된 감성의 헤어스타일

- 이마와 귀를 시원하게 드러낸 헤어스타일은 부드러운 웨이브 컬을 연출하여 남성적인 이미지가 부드럽고 자연스러운 지성미가 느껴지도록 연출하는 것이 포인트입니다.

- 파마를 하면서 뿌리 부분이 눌리거나 꺾이지 않도록 주의하여 파마를 하여야 손질하기 편한 헤어스타일이 연출됩니다.

- 굵은 롯드로 1~1.5컬의 웨이브 파마를 합니다.

- 헤어 드라이기로 뿌리부터 말리면서 80%를 말린 후 글로스 왁스를 고르게 바르고, 손가락 빗질하면서 드라이하여 자연스러운 웨이브 컬의 움직임을 연출합니다.

Man Hair Style Design

MAN-2021-005-1   MAN-2021-005-2

MAN-2021-005-3

Face Type			
계란형	긴계란형	둥근형	역삼각형
육각형	삼각형	네모난형	직사각형

Hair Cut Method-
Technology Manual 035, 093 Page 참고

달콤하고 사랑스러운 이미지가 느껴지는 큐트 감성의 헤어스타일!

• 두정부와 앞머리에 자유롭게 율동하는 러블리 웨이브 컬이 지루하지 않고 센스 있는 멋스러움과 개성을 연출한 아름다운 헤어스타일입니다.

• 언더에서 짧은 하이 그러데이션으로 커트하여 시원하게 목선과 귀선을 보이게 하고, 톱 쪽에서 레이어드를 넣어서 가볍고 부드러운 실루엣을 연출합니다.

• 틴닝 커트를 모발 길이 중간, 끝부분에 넣어 주어 가벼운 흐름을 연출합니다.

• 굵은 롯드로 1~1.5컬의 웨이브 파마를 합니다.

• 헤어 드라이기로 뿌리부터 말리면서 80%를 말린 후 글로스 왁스를 고르게 바르고, 손가락 빗질하면서 드라이하여 자연스러운 웨이브 컬의 움직임을 연출합니다.

Man Hair Style Design

MAN-2021-006-1

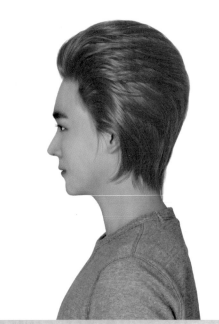

MAN-2021-006-2

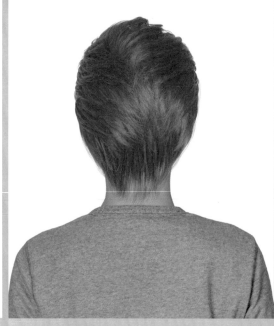

MAN-2021-006-3

Face Type

계란형   긴계란형   둥근형   역삼각형

육각형   삼각형   네모난형   직사각형

Hair Cut Method-
Technology Manual 093 Page 참고

자신만의 개성을 표출하고 싶은 트렌디 감성이 느껴지는 댄디 감각의 헤어스타일!

• 얼굴을 드러내어 전체를 올백으로 빗어 넘긴 헤어스타일로 격조와 품위를 유지하기 위해 세팅력이 있는 글로스 왁스로 고르게 바르고, 손가락 빗질로 빗겨 넘긴 헤어스타일로, 지적이고 활동적이면서 파티처럼 화려함도 살아나는 아름다움 헤어스타일입니다.

• 언더에서 하이 그러데이션을 커트하여 목선의 부드러움을 강조하고, 톱 쪽으로 하이 레이어드를 넣어서 섬세한 실루엣을 연출하여 가늘어지고 가벼운 표정을 연출합니다.

• 틴닝과 슬라이딩 커트로 가볍고 가늘어지는 질감을 표현합니다.

• 굵은 롤로 1~1.5컬의 웨이브 파마를 합니다.

Man Hair Style Design

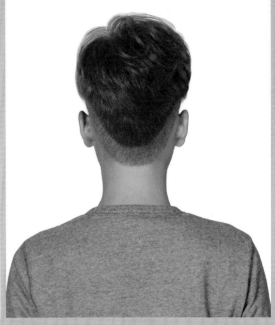

MAN-2021-007-1   MAN-2021-007-2   MAN-2021-007-3

Face Type			
계란형	긴계란형	둥근형	역삼각형
육각형	삼각형	네모난형	직사각형

Hair Cut Method-
Technology Manual 035, 093 Page 참고

자신만의 개성을 표출하고 싶은 투블럭 헤어스타일!

• 앞머리를 자연스럽게 사이드로 흐르는 웨이브 컬과 언더에서 짧게 커트한 투블럭 라인이 조화되어 깨끗하고 활동적이면서 화려함도 살아나는 아름다움 헤어스타일입니다.

• 언더에서 클리퍼 커트로 투블럭을 강조하고, 톱 쪽으로 그러데이션과 레이어드를 넣어서 섬세한 실루엣을 연출하여 가늘어지고 가벼운 표정을 연출합니다.

• 틴닝과 슬라이딩 커트로 가볍고 가늘어지는 질감을 표현합니다.

• 굵은 롤로 1.2~1.5컬의 웨이브 파마를 합니다.

Man Hair Style Design

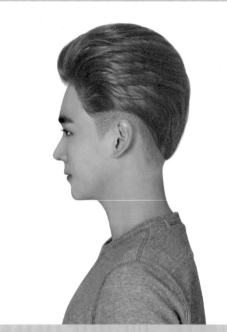

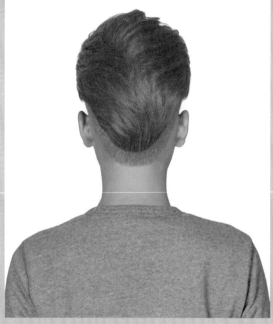

MAN-2021-008-1

MAN-2021-008-2

MAN-2021-008-3

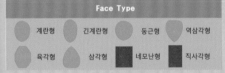

Face Type

계란형   긴계란형   둥근형   역삼각형

육각형   삼각형   네모난형   직사각형

Hair Cut Method-
Technology Manual 035, 093 Page 참고

자신만의 개성을 표출하고 싶은 트렌디 감성이 느껴지는 댄디 감각의 헤어스타일!

- 얼굴을 드러내어 전체를 올백으로 빗어 넘긴 헤어스타일로 격조와 품위를 유지하기 위해 세팅력이 있는 글로스 왁스로 고르게 바르고 손가락 빗질로 빗어 넘긴 헤어스타일로, 지적이고 활동적이면서 파티처럼 화려함도 살아나는 아름다움 헤어스타일입니다.
- 언더에서 클리퍼 커트로 투블럭을 강조하고, 톱 쪽으로 그러데이션과 레이어드를 넣어서 섬세한 실루엣을 연출하여 가늘어지고 가벼운 표정을 연출합니다.
- 틴닝과 슬라이딩 커트로 가볍고 가늘어지는 질감을 표현합니다.
- 굵은 롤로 1~1.5컬의 웨이브 파마를 합니다.

Man Hair Style Design

 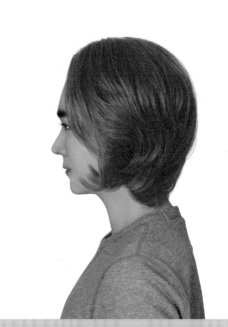 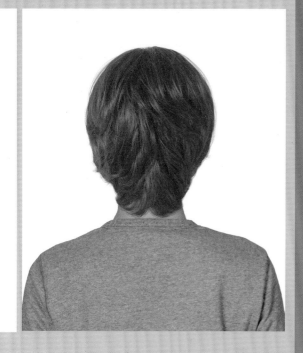

MAN-2021-009-1   M-2021AN-009-2   MAN-2021-009-3

Face Type

계란형	긴계란형	둥근형	역삼각형
육각형	삼각형	네모난형	직사각형

Hair Cut Method–
Technology Manual 100 Page 참고

안말음 되는 컬의 흐름이 품격 있고 차분한 인상을 주는 지적인 느낌의 헤어스타일!

· 얼굴을 감싸는 듯 안말음의 웨이브 컬이 얼굴을 갸름하게 청순하면서 지적인 아름다움을 주는 여성스러운 감성이 느껴지는 아름다운 헤어스타일입니다.
· 언더에서 그러데이션으로 가볍고 부드러운 흐름을 만들고, 톱 쪽으로 레이어드를 연결하여 풍성하고 부드러운 실루엣을 연출합니다.
· 모발 길이 중간, 끝에서 틴닝 커트를 하여 모발량을 조절하고 슬라이딩 커트로 가늘어지고 가벼운 질감을 연출합니다.
· 1.5~1.7컬의 풀린 듯 느슨한 웨이브 파마를 해 줍니다.
· 헤어 드라이기로 뿌리부터 말리면서 70%를 말린 후 글로스 왁스를 고르게 바르고 스크런칭 드라이를 하고, 손가락으로 방향을 잡아 주고 빗질하여 자연스러운 컬의 움직임을 연출합니다.

Man Hair Style Design

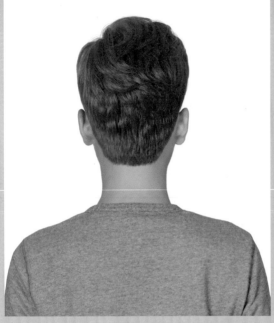

MAN-2021-010-1

MAN-2021-010-2

MAN-2021-010-3

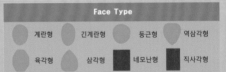

Face Type

| 계란형 | 긴계란형 | 둥근형 | 역삼각형 |
| 육각형 | 삼각형 | 네모난형 | 직사각형 |

Hair Cut Method-
Technology Manual 035, 093 Page 참고

높은 볼륨과 사랑스러운 웨이브 컬의 율동이 멋스러움이 느껴지는 댄디 헤어스타일!

• 이마, 귀선, 목선이 시원하게 보이게 하는 매니시 감성의 헤어스타일입니다.

• 딱딱한 느낌을 주지 않기 위해 앞머리를 길게 하고, 톱에서 풍성한 볼륨으로 율동하는 웨이브 컬을 연출하여 러블리한 감성을 표현한 아름다운 헤어스타일입니다.

• 파마를 하면서 뿌리 부분이 눌리거나 꺾이지 않도록 주의하여 파마를 하여야 손질하기 편한 헤어스타일이 연출됩니다.

• 굵은 롯드로 1.2~1.5컬의 웨이브 파마를 합니다.

• 헤어 드라이기로 뿌리부터 말리면서 70%를 말린 후 글로스 왁스를 고르게 바르고, 손가락 빗질하면서 드라이하여 자연스러운 웨이브 컬의 움직임을 연출합니다.

Man Hair Style Design

MAN-2021-011-1

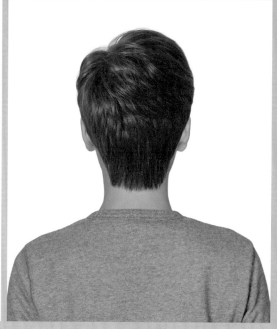

MAN-2021-011-2

MAN-2021-011-3

Face Type			
계란형	긴계란형	둥근형	역삼각형
육각형	삼각형	네모난형	직사각형

Hair Cut Method-
Technology Manual 035, 093 Page 참고

사랑스러운 웨이브 컬의 율동감이 멋스럽고 트렌디한 감성을 주는 헤어스타일!

• 짧은 헤어스타일이지만 감각적인 커트와 웨이브 컬로 사랑스럽고 큐트 감각을 살려 주는 아름다운 헤어스타일입니다.

• 가늘어지고 가벼운 흐름을 연출하여 자유롭게 율동하는 스타일의 표정을 연출합니다.

• 틴닝과 슬라이딩 커트로 가늘어지고 가벼운 흐름을 연출합니다.

• 굵은 롯드로 1~1.5컬의 웨이브 파마를 합니다.

• 파마 시 뿌리 부분이 꺾이거나 눌리지 않도록 주의하여 파마를 합니다.

• 헤어 드라이기로 뿌리부터 말리면서 70%를 말린 후 글로스 왁스를 고르게 바르고, 손가락 빗질하면서 드라이하여 자연스러운 웨이브 컬의 움직임을 연출합니다.

Man Hair Style Design

MAN-2021-012-1

MAN-2021-012-2

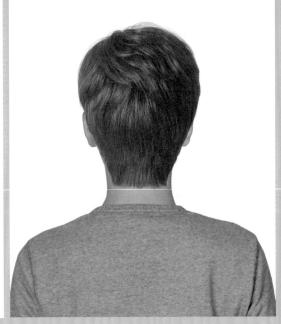

MAN-2021-012-3

Face Type			
계란형	긴계란형	둥근형	역삼각형
육각형	삼각형	네모난형	직사각형

Hair Cut Method-
Technology Manual 035, 093 Page 참고

공기를 머금은 듯 가볍고 자유롭게 율동하는 웨이브 컬이 매력적이고 사랑스러운 러블리 헤어스타일!

• 손가락 빗질로 자유롭게 움직이는 웨이브 컬이 자연스러움과 큐트함을 느끼게 하는 로맨틱 감성의 헤어스타일입니다.

• 얼굴을 감싸는 듯 포워드 흐름으로 커트를 합니다.

• 틴닝을 중간, 끝부분에 넣어서 가늘어지고 가벼운 흐름을 연출하고 슬라이딩 커트 기법으로 스타일의 표정을 연출합니다.

• 굵은 롯드로 1~1.5컬의 웨이브 파마를 해 줍니다.

• 헤어 드라이기로 뿌리부터 말리면서 70%를 말린 후 글로스 왁스를 고르게 바르고, 손가락 빗질하면서 드라이하여 자연스러운 웨이브 컬의 움직임을 연출합니다.

Man Hair Style Design

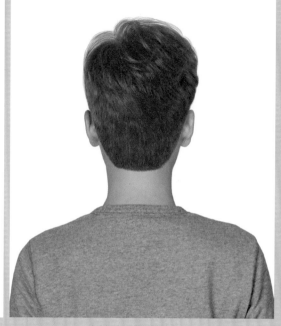

MAN-2021-013-1   MAN-2021-013-2   MAN-2021-013-3

Face Type			
계란형	긴계란형	둥근형	역삼각형
육각형	삼각형	네모난형	직사각형

Hair Cut Method-
Technology Manual 035, 093 Page 참고

댄디 스타일의 이미지를 주면서 자유로운 소년 감성이 느껴지는 큐트 감각의 헤어스타일!

• 짧은 숏 헤어스타일이지만 발랄하고 댄디스러움이 느껴지는 사랑스럽고 세련된 감성이 느껴지는 아름다운 헤어스타일입니다.

• 언더에서 하이 그러데이션을 커트하여 목선을 깨끗하게 연출하고, 톱 쪽으로 레이어드를 넣어서 자연스러운 실루엣을 연출합니다.

• 전체를 틴닝과 슬라이딩 커트로 가늘어지고 가벼운 흐름을 연출합니다.

• 굵은 롤로 1.2~1.8컬의 파마를 해 줍니다.

• 헤어 드라이기로 뿌리부터 말리면서 70%를 말린 후 글로스 왁스를 고르게 바르고, 손가락 빗질하면서 드라이하여 자연스러운 연출을 합니다.

Man Hair Style Design

MAN-2021-014-1

MAN-2021-014-2

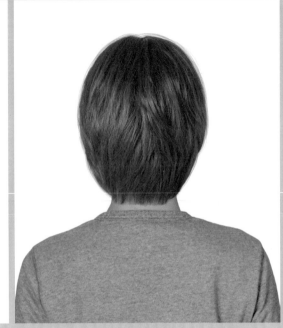

MAN-2021-014-3

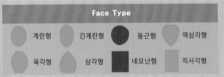

Face Type

계란형	긴계란형	둥근형	역삼각형
육각형	삼각형	네모난형	직사각형

Hair Cut Method-
Technology Manual 100 Page 참고

곡선의 실루엣… 바람에 날리듯 부드럽게 율동하는 흐름이 신비롭고 환상적인 헤어스타일!

• 바람결에 살랑거리는 머릿결의 흐름이 자연스러운 레트로 감각의 헤어스타일입니다.

• 언더에서 하이 그러데이션을 커트하여 가벼운 흐름을 연출하고, 톱 쪽으로 레이어드를 넣어서 부드러운 실루엣을 연출합니다.

• 모발 길이 끝부분에서 틴닝과 슬라이딩 커트로 가늘어지고 가벼운 흐름의 부드러운 질감을 표현합니다.

• 굵은 롤로 원컬 웨이브 파마를 합니다.

• 헤어 드라이기로 뿌리부터 말리면서 70%를 말린 후 글로스 왁스를 고르게 바르고, 스크런치 드라이하고 손가락 빗질하여 자연스러운 컬의 움직임을 연출합니다.

Man Hair Style Design

MAN-2021-015-1

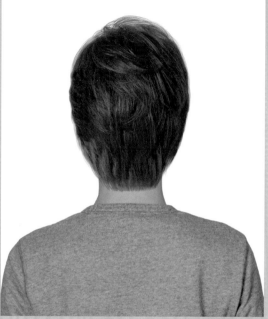

MAN-2021-015-2

MAN-2021-015-3

Face Type			
계란형	긴계란형	둥근형	역삼각형
육각형	삼각형	네모난형	직사각형

Hair Cut Method-
Technology Manual 093 Page 참고

두정부에서 풍성한 볼륨의 리드미컬한 웨이브 컬이 부드럽고 매력적인 이미지의 헤어스타일!

• 사이드에서 귀를 가리는 길이의 자연스러운 웨이브의 흐름이 부드러운 인상을 느끼게 하는 헤어스타일입니다.

• 언더에서 하이 그러데이션 커트를 하고, 톱 쪽으로 레이어드를 넣어서 들뜨지 않는 차분한 흐름을 연출합니다.

• 모발 길이 중간, 끝부분에서 틴닝 커트를 하여 가벼운 질감을 연출합니다.

• 굵은 롤로 1.2~1.5컬의 파마를 합니다.

• 헤어 드라이기로 뿌리부터 말리면서 80%를 말린 후 글로스 왁스를 고르게 바르고, 손가락 빗질하면서 드라이하여 자연스러운 움직임을 연출합니다.

Man Hair Style Design

MAN-2021-016-1

MAN-2021-016-2

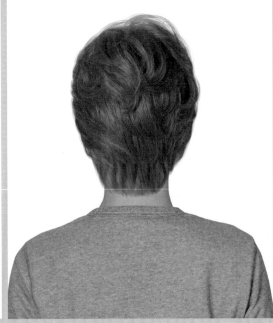

MAN-2021-016-3

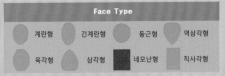

Face Type			
계란형	긴계란형	둥근형	역삼각형
육각형	삼각형	네모난형	직사각형

Hair Cut Method-
Technology Manual 093 Page 참고

볼륨 있고 꿈틀거리는 웨이브 컬이 매혹적인 멋쟁이 헤어스타일!

• 윤기를 머금은 듯 반짝이는 웨이브 컬이 자연스럽게 율동하는 흐름이 이마를 시원하게 드러내고 손가락 빗질로 빗어 연출한 멋스러움이 더해지는 부드러운 남성 헤어스타일입니다.

• 언더에서 하이 그러데이션 커트를 하고, 톱 쪽으로 레이어드를 넣어서 들뜨지 않는 차분한 흐름을 연출합니다.

• 모발 길이 중간, 끝부분에서 틴닝 커트를 하여 가벼운 질감을 연출합니다.

• 굵은 롤로 1.2~1.5컬의 파마를 합니다.

• 헤어 드라이기로 뿌리부터 말리면서 80%를 말린 후 글로스 왁스를 고르게 바르고, 손가락 빗질하면서 드라이하여 자연스러운 움직임을 연출합니다.

Man Hair Style Design

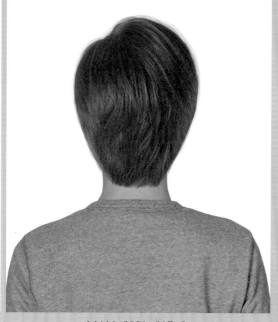

MAN-2021-017-1   MAN-2021-017-2   MAN-2021-017-3

Face Type			
계란형	긴계란형	둥근형	역삼각형
육각형	삼각형	네모난형	직사각형

Hair Cut Method-
Technology Manual 093 Page 참고

부드럽고 여성스러운 이미지가 느껴지는 앤드로지너스 감성의 헤어스타일!

• 긴 길이의 스타일이 언더에서 라인의 변화를 주어 부드럽고 여성스러움이 묻어 나는 개성 있는 남성 헤어스타일입니다.

• 언더에서 하이 그러데이션 커트를 하고, 톱 쪽으로 레이어드를 넣어서 들뜨지 않는 차분한 흐름을 연출합니다.

• 모발 길이 중간, 끝부분에서 틴닝 커트를 하여 가벼운 질감을 연출합니다.

• 굵은 롤로 1.2~1.5컬의 파마를 합니다.

• 헤어 드라이기로 뿌리부터 말리면서 80%를 말린 후 글로스 왁스를 고르게 바르고, 손가락 빗질하면서 드라이하여 자연스러운 움직임을 연출합니다.

Man Hair Style Design

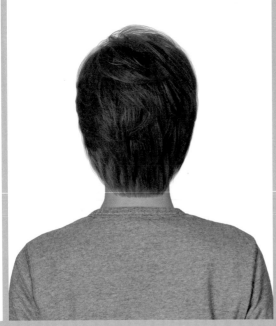

MAN-2021-018-1 MAN-2021-018-2 MAN-2021-018-3

Face Type

계란형 긴계란형 둥근형 역삼각형

육각형 삼각형 네모난형 직사각형

Hair Cut Method-
Technology Manual 093 Page 참고

정돈되지 않게 빗겨 넘긴 흐름이 자연스럽고 멋스러운 헤어스타일!

• 남성 스타일에서 긴 길이의 헤어스타일은 부드럽고 자연스러운 인상을 줍니다.

• 언더에서 깨끗한 라인의 변화를 주어 모던한 느낌을 주면서도 내추럴한 레트로 감성의 헤어스타일입니다.

• 언더에서 하이 그러데이션 커트를 하고, 톱 쪽으로 레이어드를 넣어서 들뜨지 않는 차분한 흐름을 연출합니다.

• 모발 길이 중간, 끝부분에서 틴닝 커트를 하여 가벼운 질감을 연출합니다.

• 굵은 롤로 1.2~1.5컬의 파마를 합니다.

• 헤어 드라이기로 뿌리부터 말리면서 80%를 말린 후 글로스 왁스를 고르게 바르고, 손가락 빗질하면서 드라이하여 자연스러운 움직임을 연출합니다.

Man Hair Style Design

MAN-2021-019-1

MAN-2021-019-2

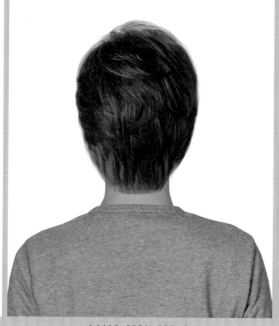

MAN-2021-019-3

Face Type			
계란형	긴계란형	둥근형	역삼각형
육각형	삼각형	네모난형	직사각형

Hair Cut Method-
Technology Manual 100 Page 참고

평범함이 싫은 개성파 남성들의 나만의 헤어스타일!

• 남성들의 헤어스타일은 대체적으로 길이, 실루엣 흐름이 비슷하지만 자신만의 개성을 추구하는 남성들은 특별하고 멋스러운 매력을 선사합니다.

• 언더에서 하이 그러데이션 커트를 하고, 톱 쪽으로 레이어드를 넣어서 부드러운 실루엣을 연출합니다.

• 모발 길이 중간, 끝부분에서 틴닝 커트를 하여 가벼운 질감을 연출합니다.

• 굵은 롤로 1.2~1.5컬의 파마를 합니다.

• 헤어 드라이기로 뿌리부터 말리면서 80%를 말린 후 글로스 왁스를 고르게 바르고, 손가락 빗질하면서 드라이하여 자연스러운 움직임을 연출합니다.

Man Hair Style Design

MAN-2021-020-1

MAN-2021-020-2

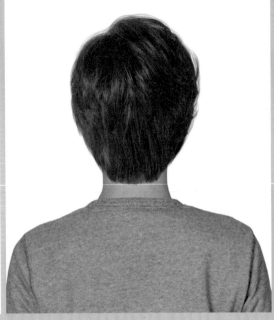

MAN-2021-020-3

Face Type			
계란형	긴계란형	둥근형	역삼각형
육각형	삼각형	네모난형	직사각형

Hair Cut Method-
Technology Manual 100 Page 참고

자연스럽게 율동하는 웨이브 컬이 부드럽고 사랑스러움을 주는 멋쟁이 헤어스타일!

• 윤기를 머금은 듯 반짝거리는 소프트한 웨이브 컬의 움직임이 매력적인 분위기를 선사하는 헤어스타일입니다.

• 언더에서 하이 그러데이션 커트를 하고, 톱 쪽으로 레이어드를 넣어서 부드러운 곡선의 흐름을 연출합니다.

• 모발 길이 중간, 끝부분에서 틴닝 커트를 하여 가벼운 질감을 연출합니다.

• 굵은 롤로 1.2~1.5컬의 파마를 합니다.

• 헤어 드라이기로 뿌리부터 말리면서 80%를 말린 후 글로스 왁스를 고르게 바르고, 손가락 빗질하면서 드라이하여 자연스러운 움직임을 연출합니다.

Man Hair Style Design

MAN-2021-021-1

MAN-2021-021-2

MAN-2021-021-3

Face Type			
계란형	긴계란형	둥근형	역삼각형
육각형	삼각형	네모난형	직사각형

Hair Cut Method-
Technology Manual 100 Page 참고

둥그런 실루엣과 언더에서의 사선 라인의 밸런스로 멋스러움이 쑥쑥!

- 언더에서 사선으로 급격히 얼굴 방향으로 짧아지는 라인의 변화가 모던함과 자연스러움, 큐트함이 더해지는 아름다운 헤어스타일입니다.
- 언더에서 하이 그러데이션 커트를 하고, 톱 쪽으로 레이어드를 넣어서 곡선의 실루엣을 연출합니다.
- 모발 길이 중간, 끝부분에서 틴닝 커트를 하여 가벼운 질감을 연출합니다.
- 곱슬머리는 굵은 롤로 1.2~1.5컬의 파마를 합니다.
- 헤어 드라이기로 뿌리부터 말리면서 80%를 말린 후 글로스 왁스를 고르게 바르고, 손가락 빗질하면서 드라이하여 자연스러운 움직임을 연출합니다.

Man Hair Style Design

MAN-2021-022-1

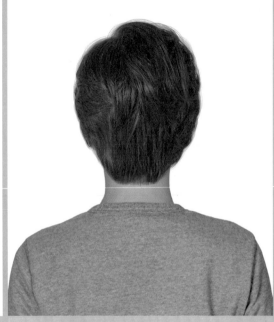

MAN-2021-022-2

MAN-2021-022-3

Face Type			
계란형	긴계란형	둥근형	역삼각형
육각형	삼각형	네모난형	직사각형

Hair Cut Method–
Technology Manual 093 Page 참고

부드러운 흐름으로 이마를 시원스럽게 드러낸 바람머리 헤어스타일!

• 자연스럽게 빗겨 넘겨 바람머리 스타일의 자연스러운 흐름이 멋스럽고 트렌디한 감성을 느끼게 하는 레트로 감각의 헤어스타일입니다.

• 언더에서 하이 그러데이션 커트를 하고, 톱 쪽으로 레이어드를 넣어서 부드러운 곡선의 흐름을 연출합니다.

• 모발 길이 중간, 끝부분에서 틴닝 커트를 하여 가벼운 질감을 연출합니다.

• 굵은 롤로 1.2~1.5컬의 파마를 합니다.

• 헤어 드라이기로 뿌리부터 말리면서 80%를 말린 후 글로스 왁스를 고르게 바르고, 손가락 빗질하면서 드라이하여 자연스러운 움직임을 연출합니다.

Man Hair Style Design

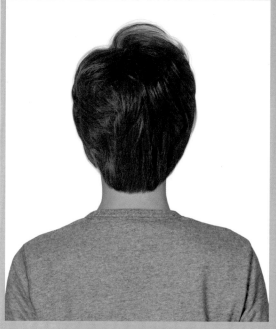

MAN-2021-023-1   MAN-2021-023-2   MAN-2021-023-3

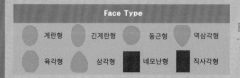

Hair Cut Method-
Technology Manual 093 Page 참고

이마를 시원하게 드러내고 바람결에 춤을 추듯 율동하는 흐름이 멋스러운 헤어스타일!

• 두정부에서 춤을 추듯 율동하는 웨이브 컬이 사랑스럽고 멋스러운 개성을 표현해 주는 소프트하면서 개성적인 아름다운 헤어스타일입니다.

• 언더에서 하이 그러데이션 커트를 하고, 톱 쪽으로 레이어드를 넣어서 부드러운 곡선의 흐름을 연출합니다.

• 모발 길이 중간, 끝부분에서 틴닝 커트를 하여 가벼운 질감을 연출합니다.

• 굵은 롤로 1.2~1.7컬의 파마를 합니다.

• 헤어 드라이기로 뿌리부터 말리면서 80%를 말린 후 글로스 왁스를 고르게 바르고, 손가락 빗질하면서 드라이하여 자연스러운 움직임을 연출합니다.

Man Hair Style Design

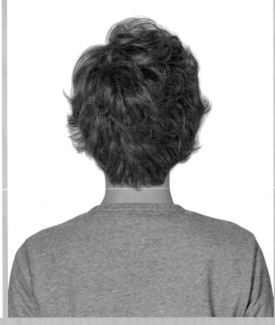

MAN-2021-024-1   MAN-2021-024-2   MAN-2021-024-3

Face Type			
계란형	긴계란형	동근형	역삼각형
육각형	삼각형	네모난형	직사각형

Hair Cut Method-
Technology Manual 093 Page 참고

작품을 보는 듯 강렬한 캐릭터가 반영된 어드밴스드 감성의 헤어스타일!

• 헤어쇼에서 작품을 보는 듯 독특하고 강렬한 이미지를 주는 헤어스타일로 러블리한 남성미를 느끼게 합니다.

• 언더에서 미디엄 그러데이션을 커트하여 목선을 부드럽고 연출하고, 톱 쪽으로 레이어드를 넣어서 풍성하고 율동감 있는 실루엣을 연출합니다.

• 앞머리는 가볍고 움직임 있게 양 사이드로 내려주고, 사이드에서 길이를 조절하여 가벼운 층을 만들고, 틴닝과 슬라이딩 커트로 가늘어지는 가벼운 움직임을
연출합니다.

• 굵은 롤로 1.5~1.8컬의 파마를 해 줍니다.

• 헤어 드라이기로 뿌리부터 말리면서 70%를 말린 후 글로스 왁스를 고르게 바르고, 손가락 빗질하면서 드라이하여 자연스러운 웨이브 컬의 움직임을 연출합니다.

Man Hair Style Design

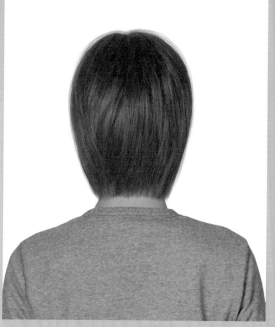

MAN-2021-025-1

MAN-2021-025-2

MAN-2021-025-3

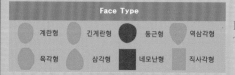

Face Type

계란형   긴계란형   둥근형   역삼각형

육각형   삼각형   네모난형   직사각형

Hair Cut Method-
Technology Manual 116 Page 참고

바람결에 흩날리듯 가늘어지고 가벼운 스트레이트 흐름이 독특한 개성을 주는 헤어스타일!

• 깃털처럼 가벼운 질감의 흐름이 바람에 흩날리듯 자유롭게 움직이는 흐름이 유행을 앞서가는 독특한 캐릭터가 반영된 헤어스타일입니다.

• 언더에서 하이 그러데이션을 커트하여 얼굴 방향으로 길어지는 라인을 연출하고, 톱 쪽으로 레이어드를 넣어서 풍성하고 가벼운 질감을 연출합니다.

• 앞머리는 들쑥날쑥 비대칭으로 내려주고 전체를 틴닝과 슬라이딩 커트로 가벼운 움직임을 연출합니다.

• 곱슬머리는 스트레이트 파마를 해 줍니다.

• 헤어 드라이기로 뿌리부터 말리면서 80%를 말린 후 글로스 왁스를 고르게 바르고, 손가락 빗질하면서 드라이하여 자연스러운 움직임을 연출합니다.

Man Hair Style Design

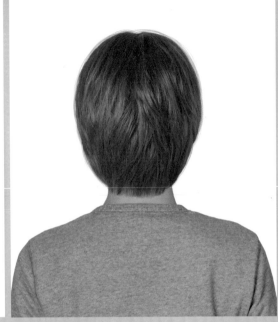

MAN-2021-026-1 　　　　　 MAN-2021-026-2 　　　　　 MAN-2021-026-3

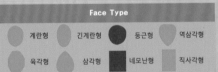

Face Type				
계란형	긴계란형	둥근형	역삼각형	
육각형	삼각형	네모난형	직사각형	

Hair Cut Method-
Technology Manual 108 Page 참고

가볍고 부드러운 생머리의 흐름이 순수하고 차분한 인상의 클래식 감각의 헤어스타일!

- 부드러운 움직임으로 안말음 되는 생머리 흐름의 헤어스타일은 자연스럽고 부드러운 이미지의 클래식 감각의 헤어스타일로 율동감의 실루엣을 연출하면 언제나 트렌디한 아름다움을 주는 헤어스타일입니다.
- 언더에서 미디엄 그러데이션으로 커트하여 약간 둥근 라인의 실루엣을 연출하고, 톱 쪽으로 레이어드를 넣어서 풍성하고 가벼운 질감을 연출합니다.
- 앞머리는 시스루로 내려주고 전체를 틴닝 커트로 가벼운 움직임을 연출합니다.
- 원컬 스트레이트 파마를 해 줍니다.
- 헤어 드라이기로 뿌리부터 말리면서 80%를 말린 후 글로스 왁스를 고르게 바르고, 손가락 빗질하면서 드라이하여 자연스러운 움직임을 연출합니다.

Man Hair Style Design

MAN-2021-027-1

MAN-2021-027-2

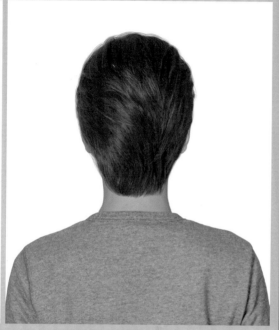

MAN-2021-027-3

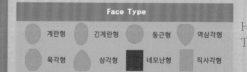

Face Type			
계란형	긴계란형	동근형	역삼각형
육각형	삼각형	네모난형	직사각형

Hair Cut Method-
Technology Manual 093 Page 참고

차분하고 단정한 댄디 스타일의 감성이 느껴지는 앤드로지너스 감각의 헤어스타일!

- 차분하게 빗겨 넘긴 실루엣이 댄디스러운 느낌을 주면서 부드러운 남성미를 느끼는 앤드로지너스 감성의 헤어스타일입니다.
- 언더에서 하이 그러데이션을 커트하여 목선을 깨끗하게 연출하고, 톱 쪽으로 레이어드를 넣어 차분한 실루엣을 연출합니다.
- 전체를 틴닝 커트로 가벼운 흐름을 연출합니다.
- 굵은 롤로 1~1.2컬의 파마를 해 줍니다.
- 헤어 드라이기로 뿌리부터 말리면서 70%를 말린 후 글로스 왁스를 고르게 바르고, 손가락 빗질하면서 드라이하여 자연스러운 연출을 합니다.

Man Hair Style Design

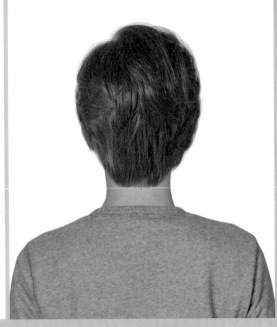

MAN-2021-028-1   MAN-2021-028-2   MAN-2021-028-3

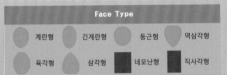

Face Type			
계란형	긴계란형	둥근형	역삼각형
육각형	삼각형	네모난형	직사각형

Hair Cut Method-
Technology Manual 093 Page 참고

앞머리가 높은 볼륨으로 이마를 시원스럽게 드러낸 리드미컬한 컬의 흐름이 멋스러운 헤어스타일!

- 권위적이면서드 부드럽고 사랑스러운 이미지가 가미된 멋스러움이 더해지는 시크 감성의 헤어스타일입니다.
- 언더에서 하이 그러데이션 커트를 하고, 톱 쪽으로 레이어드를 넣어서 부드러운 곡선의 흐름을 연출합니다.
- 모발 길이 중간, 끝부분에서 틴닝 커트를 하여 가벼운 질감을 연출합니다.
- 굵은 롤로 1.2~1.5컬의 풀린 듯한 파마를 합니다.
- 헤어 드라이기로 뿌리부터 말리면서 80%를 말린 후 글로스 왁스를 고르게 바르고, 손가락 빗질하면서 드라이하여 자연스러운 움직임을 연출합니다.

Man Hair Style Design

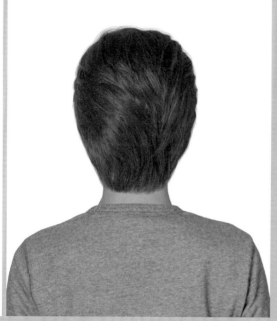

MAN-2021-029-1   MAN-2021-029-2   MAN-2021-029-3

Face Type			
계란형	긴계란형	둥근형	역삼각형
육각형	삼각형	네모난형	직사각형

Hair Cut Method-
Technology Manual 093 Page 참고

차분하고 부드러운 남성미가 느껴지는 내추럴 헤어스타일!

• 빛을 머금은 듯 반짝이는 머릿결과 차분하게 곡선으로 흐르는 생머리의 흐름이 차분하면서 자연스럽고 부드러운 시크 감성의 헤어스타일입니다.

• 네이프에서 하이 그러데이션을 커트하여 목덜미의 자연스러움을 강조하고, 톱 쪽으로 레이어드를 넣어서 가벼운 실루엣을 연출합니다.

• 모발 길이 끝부분에서 틴닝과 슬라이딩 커트로 가늘어지고 가벼운 흐름의 부드러운 질감을 표현합니다.

• 굵은 롤로 원컬 웨이브 파마를 합니다.

• 헤어 드라이기로 뿌리부터 말리면서 80%를 말린 후 글로스 왁스를 고르게 바르고, 손가락 빗질하고 털어서 자연스러운 컬의 움직임을 연출합니다.

Man Hair Style Design

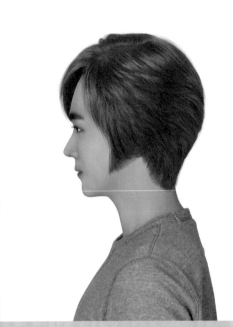

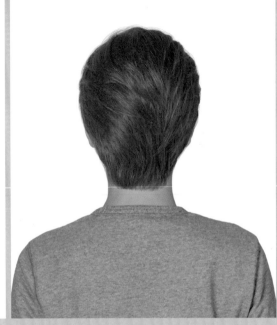

MAN-2021-030-1   MAN-2021-030-2   MAN-2021-030-3

Hair Cut Method-
Technology Manual 093 Page 참고

부드러운 컬의 흐름이 차분하고 자연스러운 느낌을 주는 클래식 그러데이션 헤어스타일!

• 살짝 이마를 드러내면서 사이드로 빗겨 넘긴 C컬과 실루엣이 차분하고 부드러운 인상을 주는 댄디 감성의 향기가 느껴지는 헤어스타일입니다.

• 언더에서 하이 그러데이션을 커트하여 목선을 부드럽고 깨끗한 느낌을 표현하고 톱 쪽으로 레이어드를 넣어서 부드러운 실루엣을 연출하고,

• 틴닝과 슬라이딩 커트로 가볍고 가늘어지는 질감을 표현합니다.

• 굵은 롤로 1~1.5컬의 웨이브 파마를 합니다.

• 헤어 드라이기로 뿌리부터 말리면서 70%를 말린 후 글로스 왁스를 고르게 바르고, 손가락 빗질하면서 드라이하여 자연스러운 컬의 움직임을 연출합니다.

Man Hair Style Design

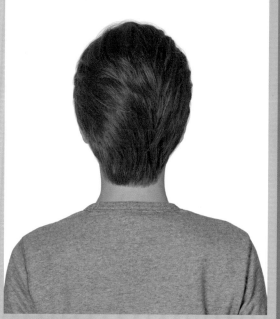

MAN-2021-031-1   MAN-2021-031-2   MAN-2021-031-3

Face Type			
계란형	긴계란형	둥근형	역삼각형
육각형	삼각형	네모난형	직사각형

Hair Cut Method-
Technology Manual 093 Page 참고

차분하고 단정하면서 멋스러운 감각의 헤어스타일!

- 이마를 시원하게 드러내어 높은 볼륨으로 빗겨 넘기는 부드러운 흐름의 실루엣을 연출하여 격조와 품격을 주는 멋스러움과 부드러움을 주는 헤어스타일입니다.
- 언더에서 미디엄 그러데이션을 커트하여 목선을 깨끗하게 연출하고, 톱 쪽으로 레이어드를 넣어 차분한 실루엣을 연출합니다.
- 전체를 틴닝과 커트로 가벼운 흐름을 연출합니다.
- 굵은 롤로 1~1.2컬의 파마를 해 줍니다.
- 헤어 드라이기로 뿌리부터 말리면서 80%를 말린 후 글로스 왁스를 고르게 바르고, 손가락 빗질하면서 드라이하여 자연스러운 연출을 합니다.

Man Hair Style Design

MAN-2021-032-1

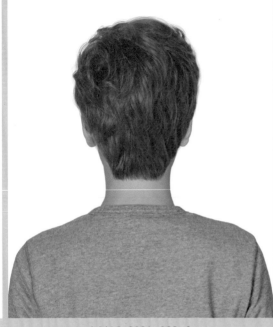

MAN-2021-032-2

MAN-2021-032-3

Face Type			
계란형	긴계란형	둥근형	역삼각형
육각형	삼각형	네모난형	직사각형

Hair Cut Method-
Technology Manual 093 Page 참고

깨끗한 라인과 부드럽고 자유러운 컬이 조화되어 세련되고 큐트한 감성의 헤어스타일!

• 숏 헤어스타일이지만 자유롭고 부드러운 컬이 손질하지 않는 듯 자연스러움을 주는 스타일링이 세련된 부드러움을 강조한 헤어스타일입니다.

• 언더에서 미디엄 그러데이션을 커트하여 목선을 깨끗하게 연출하고, 톱 쪽으로 레이어드를 넣어서 자연스러운 실루엣을 연출합니다.

• 전체를 틴닝과 커트로 가벼운 흐름을 연출합니다.

• 굵은 롤로 1.2~1.8컬의 파마를 해 줍니다.

• 헤어 드라이기로 뿌리부터 말리면서 70%를 말린 후 글로스 왁스를 고르게 바르고, 손가락 빗질하면서 드라이하여 자연스러운 연출을 합니다.

Man Hair Style Design

MAN-2021-033-1   MAN-2021-033-2

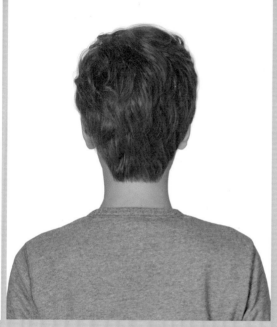

MAN-2021-033-3

Face Type			
계란형	긴계란형	둥근형	역삼각형
육각형	삼각형	네모난형	직사각형

Hair Cut Method-
Technology Manual 093 Page 참고

부드러운 웨이브 컬의 움직임이 차분하고 부드러운 이미지를 주는 헤어스타일!

- 깨끗하게 다듬어진 언더 라인과 두정부의 풍성한 웨이브 흐름이 조화되어 순수하고 부드러운 이미지가 느껴지는 헤어스타일입니다.
- 언더에서 하이 그러데이션을 커트하여 목선을 깨끗하게 연출하고, 톱 쪽으로 레이어드를 넣어서 자연스러운 실루엣을 연출합니다.
- 전체를 틴닝 커트로 가벼운 흐름을 연출합니다.
- 굵은 롤로 1.2~1.8컬의 파마를 해 줍니다.
- 헤어 드라이기로 뿌리부터 말리면서 70%를 말린 후 글로스 왁스를 고르게 바르고, 손가락 빗질하면서 드라이하여 자연스러운 연출을 합니다.

Man Hair Style Design

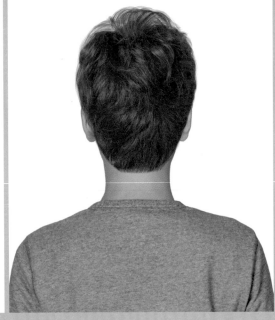

MAN-2021-034-1   MAN-2021-034-2   MAN-2021-034-3

Face Type

계란형	긴계란형	둥근형	역삼각형
육각형	삼각형	네모난형	직사각형

Hair Cut Method-
Technology Manual 093 Page 참고

두둥실 춤을 추듯 율동하는 컬이 자유롭고 매력적인 인상을 주는 헤어스타일!

• 자유롭게 율동하는 컬이 아름다운 숏 헤어스타일은 세련되고 부드러운 이미지를 선사하는 아름다운 헤어스타일입니다.

• 네이프에서 부드러운 텍스처를 만드는 짧은 그러데이션 커트를 하고, 톱 쪽으로 레이어드를 연결합니다.

• 틴닝과 슬라이딩 커트로 끝부분을 부드럽고 가벼운 흐름을 연출하고 굵은 롯드로 1.2~1.5컬의 웨이브 파마를 해 줍니다.

• 헤어 드라이기로 뿌리부터 말리면서 70%를 말린 후 글로스 왁스를 고르게 바르고, 손가락 빗질하면서 드라이하여 자연스러운 컬의 움직임을 연출합니다.

Man Hair Style Design

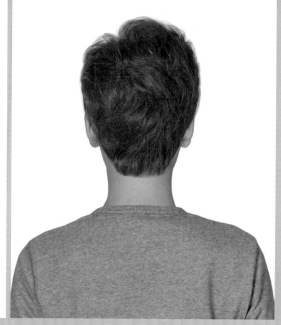

MAN-2021-035-1   MAN-2021-035-2   MAN-2021-035-3

Face Type

| 계란형 | 긴계란형 | 둥근형 | 역삼각형 |
| 육각형 | 삼각형 | 네모난형 | 직사각형 |

Hair Cut Method-
Technology Manual 093 Page 참고

바람결에 춤을 추듯 풍성한 볼륨으로 율동하는 웨이브 컬이 매력적인 러블리 헤어스타일!

• 윤기를 머금은 듯 부드럽고 풍성한 볼륨의 웨이브 컬이 두둥실 춤을 추듯 율동하는 자연스러움이 섬세하고 부드러운 남성미를 느끼게 합니다.

• 언더에서 하이 그러데이션을 커트하여 목선을 깨끗하게 연출하고, 톱 쪽으로 레이어드를 넣어서 자연스러운 실루엣을 연출합니다.

• 전체를 틴닝 커트로 가벼운 흐름을 연출합니다.

• 굵은 롤로 1.2~1.6컬의 파마를 해 줍니다.

• 헤어 드라이기로 뿌리부터 말리면서 70%를 말린 후 글로스 왁스를 고르게 바르고, 손가락 빗질하면서 드라이하여 자연스러운 연출을 합니다.

Man Hair Style Design

 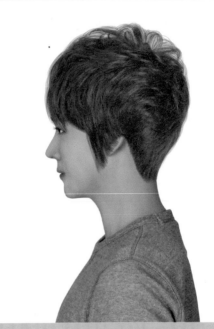 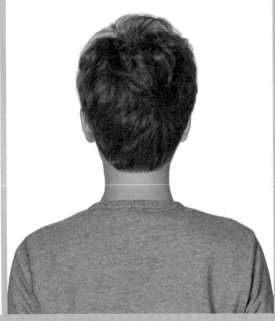

MAN-2021-036-1   MAN-2021-036-2   MAN-2021-036-3

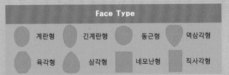

Face Type

| 계란형 | 긴계란형 | 둥근형 | 역삼각형 |
| 육각형 | 삼각형 | 네모난형 | 직사각형 |

Hair Cut Method-
Technology Manual 093 Page 참고

손질하지 않은 듯 율동하는 웨이브 컬을 자유롭게 연출한 슬리핑 헤어스타일!

- 슬리핑 헤어스타일은 잠자다 일어난 듯 손질하지 않는 느낌처럼 털어 주고 손가락으로 자유롭게 흐름을 연출한 헤어스타일로 내추럴한 매력의 이미지를 느끼게 하는 헤어스타일입니다.
- 언더에서 하이 그러데이션을 커트하여 목선을 깨끗하게 연출하고, 톱 쪽으로 레이어드를 넣어서 자연스러운 실루엣을 연출합니다.
- 전체를 틴닝과 슬라이딩 커트로 가벼운 흐름을 연출합니다.
- 굵은 롤로 1.2~1.8컬의 파마를 해 줍니다.
- 헤어 드라이기로 뿌리부터 말리면서 70%를 말린 후 글로스 왁스를 고르게 바르고, 손가락 빗질하면서 드라이하여 자연스러운 연출을 합니다.

Man Hair Style Design

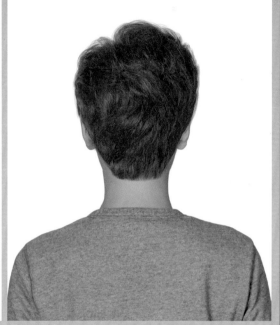

MAN-2021-037-1   MAN-2021-037-2   MAN-2021-037-3

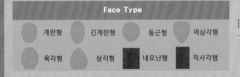

Face Type

| 계란형 | 긴계란형 | 둥근형 | 역삼각형 |
| 육각형 | 삼각형 | 네모난형 | 직사각형 |

Hair Cut Method-
Technology Manual 093Page 참고

웨이브 컬의 움직임이 사랑스러운 앤드로지너스 감성의 헤어스타일!

- 부드럽고 자연스러움이 느껴지는 댄디 헤어스타일로 멋스러움과 세련된 남성미가 느껴지는 헤어스타일입니다.
- 언더에서 하이 그러데이션을 커트하여 목선을 깨끗하게 연출하고, 톱 쪽으로 레이어드를 넣어서 자연스러운 실루엣을 연출합니다.
- 전체를 틴닝 커트로 가벼운 흐름을 연출합니다.
- 굵은 롤로 1.2~1.5컬의 파마를 해 줍니다.
- 헤어 드라이기로 뿌리부터 말리면서 70%를 말린 후 글로스 왁스를 고르게 바르고, 손가락 빗질하면서 드라이하여 자연스러운 연출을 합니다.

Man Hair Style Design

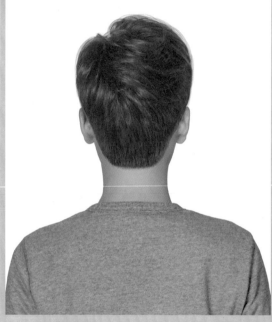

MAN-2021-038-1   MAN-2021-038-2   MAN-2021-038-3

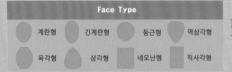

Face Type			
계란형	긴계란형	둥근형	역삼각형
육각형	삼각형	네모난형	직사각형

Hair Cut Method-
Technology Manual 035, 093 Page 참고

부드럽고 자연스러움이 느껴지는 러블리 헤어스타일!

- 두정부에서 풍성한 볼륨으로 자유롭게 율동하는 웨이브 컬이 로맨틱한 감성을 느끼게 하는 아름다운 헤어스타일입니다.
- 언더에서 하이 그러데이션을 커트하여 목선의 자연스러움을 표현하고 풍성한 볼륨을 만들면서 톱 쪽으로 레이어드를 넣어 줍니다.
- 틴닝과 슬라이딩 커트로 가늘어지고 가벼운 흐름을 연출합니다.
- 굵은 롯드로 1~1.5컬의 웨이브 파마를 합니다.
- 파마 시 뿌리 부분이 꺾이거나 눌리지 않도록 주의하여 파마를 합니다.
- 헤어 드라이기로 뿌리부터 말리면서 70%를 말린 후 글로스 왁스를 고르게 바르고, 손가락 빗질하면서 스타일링합니다.

Man Hair Style Design

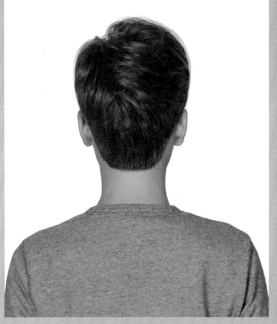

MAN-2021-039-1   MAN-2021-039-2   MAN-2021-039-3

Face Type			
계란형	긴계란형	둥근형	역삼각형
육각형	삼각형	네모난형	직사각형

Hair Cut Method-
Technology Manual 035, 093 Page 참고

댄디 스타일의 아름다운 이미지이면서 소년 감성이 느껴지는 큐트 감각의 헤어스타일!

• 숏 헤어스타일은 투박하게 커트를 하면 단순한 이미지를 줄 수 있어서 다양한 디자인 요소를 반영해야 합니다.
• 두정부의 풍성한 볼륨의 부드러운 원컬의 흐름과 언더 부분의 깨끗한 라인이 어우러져서 스포티하면서 발랄하고 큐트한 남성미를 강조한 헤어스타일입니다.
• 언더에서 하이 그러데이션을 커트하여 목선을 깨끗하게 연출하고, 톱 쪽으로 레이어드를 넣어서 가볍고 풍성한 실루엣을 연출합니다.
• 전체를 틴닝과 슬라이딩 커트로 가벼운 흐름을 연출합니다.
• 굵은 롤로 1~1.2컬의 파마를 해 줍니다.
• 헤어 드라이기로 뿌리부터 말리면서 70%를 말린 후 글로스 왁스를 고르게 바르고, 손가락 빗질하면서 드라이하여 자연스러운 연출을 합니다.

Man Hair Style Design

MAN-2021-040-1

MAN-2021-040-2

MAN-2021-040-3

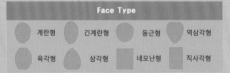

Face Type			
계란형	긴계란형	둥근형	역삼각형
육각형	삼각형	네모난형	직사각형

Hair Cut Method-
Technology Manual 035, 093 Page 참고

품격과 격조가 유지되면서 지성미와 부드러움도 느껴지는 모던 감성의 댄디 헤어스타일!

- 시원하게 이마와 목선이 보이는 헤어스타일로 두정부에서 두둥실 율동하는 웨이브 컬을 연출하여 사랑스럽고 러블리한 댄디 헤어스타일입니다.
- 언더에서 짧은 하이 그러데이션으로 커트하여 시원하게 목선과 귀선을 보이게 하고, 톱 쪽에서 레이어드를 넣어서 가볍고 부드러운 실루엣을 표현합니다.
- 탄닝 커트를 모발 길이 중간, 끝부분에 넣어 주어 가벼운 흐름을 연출합니다.
- 굵은 롯드로 1~1.5컬의 웨이브 파마를 합니다.
- 헤어 드라이기로 뿌리부터 말리면서 80%를 말린 후 글로스 왁스를 고르게 바르고, 손가락 빗질하면서 드라이하여 자연스러운 웨이브 컬의 움직임을 연출합니다.

Man Hair Style Design

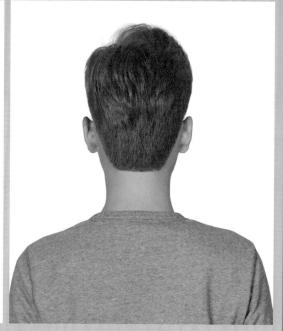

MAN-2021-041-1   MAN-2021-041-2   MAN-2021-041-3

Hair Cut Method-
Technology Manual 035, 093 Page 참고

극단적으로 짧게 커트하여 스포티하고 활동적인 이미지가 느껴지는 매니시 감성의 헤어스타일!

• 짧은 맨디 헤어스타일로 부드럽고 손질하기 편한 흐름을 연출하기 위해 웨이브 파마를 해 줍니다.

• 굵은 롯드로 1~1.5컬의 웨이브 파마를 합니다.

• 헤어 드라이기로 뿌리부터 말리면서 80%를 말린 후 글로스 왁스를 고르게 바르고, 손가락 빗질하면서 드라이하여 자연스러운 웨이브 컬의 움직임을 연출합니다.

Man Hair Style Design

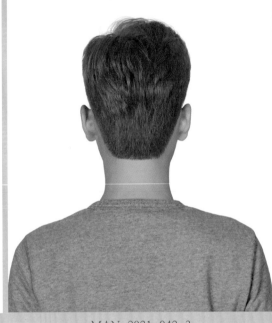

MAN-2021-042-1   MAN-2021-042-2   MAN-2021-042-3

Face Type			
계란형	긴계란형	동근형	역삼각형
육각형	삼각형	네모난형	직사각형

Hair Cut Method-
Technology Manual 035, 093 Page 참고

시원하고 상쾌함이 느껴지는 스포티 감각의 헤어스타일!

- 아주 짧은 커트를 하여 시원하고 활동적인 이미지를 연출하고 앞머리를 길게 하고 포워드 흐름의 부드러운 웨이브 컬 파마를 하여 부드럽고 상쾌함이 느껴지는 큐트 감각의 헤어스타일입니다.

- 앞머리는 슬라이딩 커트 기법으로 가늘어지고 가볍게 하여 포인트를 줍니다.

- 굵은 롯드로 1~1.5컬의 웨이브 파마를 합니다.

- 헤어 드라이기로 뿌리부터 말리면서 80%를 말린 후 글로스 왁스를 고르게 바르고, 손가락 빗질하면서 드라이하여 자연스러운 웨이브 컬의 움직임을 연출합니다.

Man Hair Style Design

MAN-2021-043-1

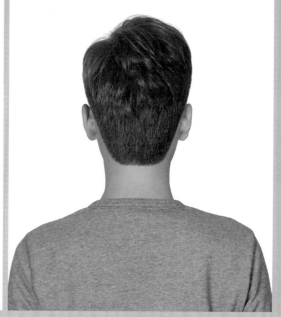

MAN-2021-043-2

MAN-2021-043-3

Face Type			
계란형	긴계란형	둥근형	역삼각형
육각형	삼각형	네모난형	직사각형

Hair Cut Method-
Technology Manual 035, 093 Page 참고

시원하게 빗어 올려 이마를 드러내어 활동적이고 깨끗함을 연출하는 헤어스타일!

• 극단적으로 짧게 커트한 헤어스타일이지만, 부드럽고 손질하기 편한 흐름을 연출하기 위해 웨이브를 만들어 줍니다.

• 굵은 롯드로 1~1.5컬의 웨이브 파마를 합니다.

• 헤어 드라이기로 뿌리부터 말리면서 80%를 말린 후 글로스 왁스를 고르게 바르고, 손가락 빗질하면서 드라이하여 자연스러운 웨이브 컬의 움직임을 연출합니다.

Man Hair Style Design

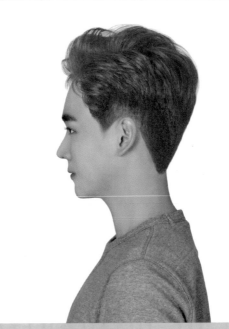

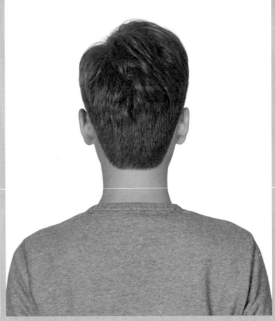

MAN-2021-044-1   MAN-2021-044-2   MAN-2021-044-3

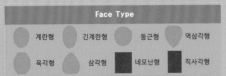

Face Type

| 계란형 | 긴계란형 | 둥근형 | 역삼각형 |
| 육각형 | 삼각형 | 네모난형 | 직사각형 |

Hair Cut Method-
Technology Manual 035, 093 Page 참고

시원하게 이마를 드러내는 짧은 흐름의 웨이브 컬이 사랑스러운 쿠튀르 감성의 헤어스타일!

• 짧은 헤어스타일의 단조로움을 커버하기 위해 반짝거리는 윤기감의 컬러와 웨이브 컬을 연출하여 사랑스럽고 세련된 댄디 헤어스타일입니다.

• 언더에서 짧은 하이 그레데이션으로 커트하여 시원하게 목선과 귀선을 보이게 하고, 톱 쪽에서 레이어드를 넣어서 가볍고 부드러운 실루엣을 연출합니다.

• 틴닝 커트를 모발 길이 중간, 끝부분에 넣어 주어 가벼운 흐름을 연출합니다.

• 굵은 롯드로 1~1.5컬의 웨이브 파마를 합니다.

• 헤어 드라이기로 뿌리부터 말리면서 70%를 말린 후 글로스 왁스를 고르게 바르고, 손가락 빗질하면서 드라이하여 자연스러운 웨이브 컬의 움직임을 연출합니다.

Man Hair Style Design

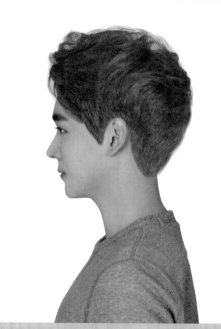
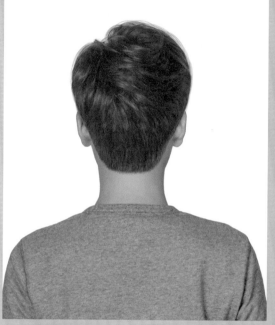

MAN-2021-045-1   MAN-2021-045-2   MAN-2021-045-3

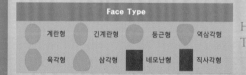

Face Type			
계란형	긴계란형	둥근형	역삼각형
육각형	삼각형	네모난형	직사각형

Hair Cut Method-
Technology Manual 035, 093 Page 참고

부드럽고 세련된 이미지가 물씬 풍기는 댄디 헤어스타일!

• 멋스러움이 묻어 나는 댄디 헤어스타일로 격조와 품격이 느껴지고 지적이면서 세련된 미의식의 아름다운 헤어스타일입니다.

• 언더에서 하이 그러데이션을 커트하여 목선을 깨끗하게 연출하고, 톱 쪽으로 레이어드를 넣어서 자연스러운 실루엣을 연출합니다.

• 전체를 틴닝과 커트로 가벼운 흐름을 연출합니다.

• 굵은 롤로 1.2~1.7컬의 파마를 해 줍니다.

• 헤어 드라이기로 뿌리부터 말리면서 70%를 말린 후 글로스 왁스를 고르게 바르고, 손가락 빗질하면서 드라이하여 자연스러운 연출을 합니다.

Man Hair Style Design

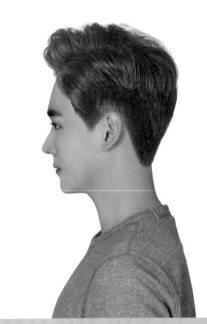

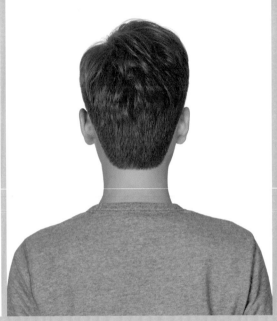

MAN-2021-046-1

MAN-2021-046-2

MAN-2021-046-3

Face Type

계란형 긴계란형 둥근형 역삼각형

육각형 삼각형 네모난형 직사각형

Hair Cut Method-
Technology Manual 035, 093 Page 참고

심플하면서 청순하고 깨끗한 남성미가 느껴지는 쿠튀르 감각의 헤어스타일!

• 이마를 시원스럽게 드러내고 차분하고 단정하면서 곱게 빗겨 넘긴 흐름이 깨끗하고 품격과 격조가 느껴지는 쿠튀르 감성의 헤어스타일입니다.

• 굵은 롯드로 1~1.5컬의 웨이브 파마를 합니다.

• 헤어 드라이기로 뿌리부터 말리면서 80%를 말린 후 글로스 왁스를 고르게 바르고, 손가락 빗질하면서 드라이하여 자연스러운 웨이브 컬의 움직임을 연출합니다.

Man Hair Style Design

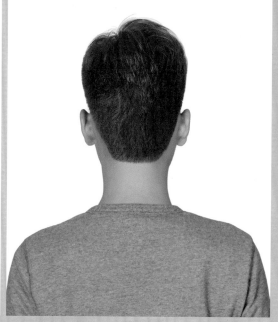

MAN-2021-047-1

MAN-2021-047-2

MAN-2021-047-3

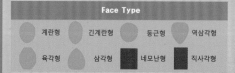

Face Type			
계란형	긴계란형	둥근형	역삼각형
육각형	삼각형	네모난형	직사각형

Hair Cut Method-
Technology Manual 035, 093 Page 참고

극단적인 짧은 커트로 시원스럽고 활동적인 이미지가 느껴지는 매니시 감성의 헤어스타일!

• 언더에서 극단적으로 짧은 커트를 하고 톱에서 짧은 레이어드 커트를 하여 깨끗하고 활동적인 쿠튀르 감성을 연출합니다.

• 틴닝 커트를 모발 길이 중간, 끝부분에 넣어 주어 가벼운 흐름을 연출합니다.

• 굵은 롯드로 1컬의 웨이브 파마를 합니다.

• 헤어 드라이기로 뿌리부터 말리면서 80%를 말린 후 글로스 왁스를 고르게 바르고, 손가락 빗질하면서 드라이하여 자연스러운 웨이브 컬의 움직임을 연출합니다.

Man Hair Style Design

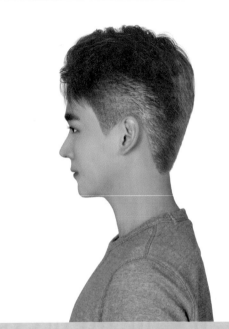

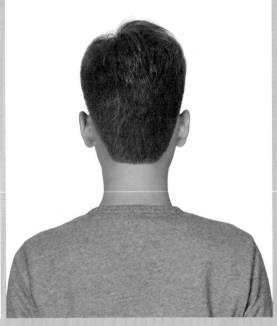

MAN-2021-048-1   MAN-2021-048-2   MAN-2021-048-3

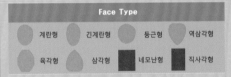

Face Type			
계란형	긴계란형	둥근형	역삼각형
육각형	삼각형	네모난형	직사각형

Hair Cut Method-
Technology Manual 035 Page 참고

단정하고 깨끗한 이미지를 주는 세련된 감성의 헤어스타일!

• 극단적인 짧은 커트로 단정하고 깨끗한 이미지를 살려 주는 쿠튀르 감성의 매니시 헤어스타일입니다.

• 짧으면서 깨끗하게 다듬어진 면 처리 커트를 하여야 합니다.

• 톱 쪽에 굵은 롯드로 1컬의 웨이브 파마를 합니다.

• 헤어 드라이기로 뿌리부터 말리면서 80%를 말린 후 소프트 왁스를 고르게 바르고, 손가락 빗질하면서 드라이하여 자연스러운 웨이브 컬의 움직임을 연출합니다.

Man Hair Style Design

MAN-2021-049-1   MAN-2021-049-2   MAN-2021-049-3

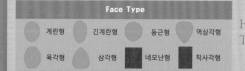

Face Type			
계란형	긴계란형	둥근형	역삼각형
육각형	삼각형	네모난형	직사각형

Hair Cut Method-
Technology Manual 035 Page 참고

자유롭게 손질하지 않는 듯 연출한 트렌디한 감성의 큐트 헤어스타일!

• 극단적으로 짧게 커트하고 두정부에서 앞머리 길이보다 길게 하여 자유로운 느낌으로 손질하지 않는 듯 둥둥 떠 있는 느낌을 연출합니다.

• 사이드와 백에서 짧으면서 깨끗하게 다듬어진 면 처리 커트를 하여야 합니다.

• 톱 쪽에 굵은 롯드로 살짝 웨이브 파마를 합니다.

• 헤어 드라이기로 뿌리부터 말리면서 80%를 말린 후 소프트 왁스를 고르게 바르고, 손가락 빗질하면서 드라이하여 자연스러운 웨이브 컬의 움직임을 연출합니다.

Man Hair Style Design

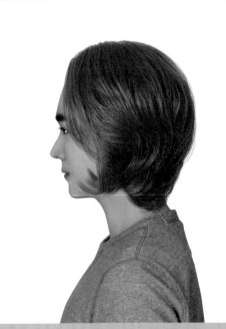

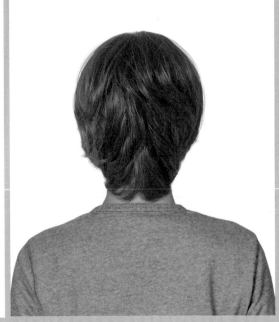

MAN-2021-050-1 　　　　　　　　MAN-2021-050-2 　　　　　　　　MAN-2021-050-3

Hair Cut Method-
Technology Manual 093 Page 참고

안말음 되는 컬의 흐름이 품격 있고 차분한 인상을 주는 지적인 느낌의 헤어스타일!

• 얼굴을 감싸는 듯 안말음의 웨이브 컬이 얼굴을 갸름하고 청순하면서 지적인 아름다움을 주는 여성스러운 감성이 느껴지는 아름다운 헤어스타일입니다.

• 언더에서 그러데이션으로 가볍고 부드러운 흐름을 만들고, 톱 쪽으로 레이어드를 연결하여 풍성하고 부드러운 실루엣을 연출합니다.

• 모발 길이 중간, 끝에서 틴닝 커트를 하여 모발량을 조절하고 슬라이딩 커트로 가늘어지는 가벼운 질감을 연출합니다.

• 1.5~1.7컬의 풀린 듯 느슨한 웨이브 파마를 해 줍니다.

• 헤어 드라이기로 뿌리부터 말리면서 70%를 말린 후 글로스 왁스를 고르게 바르고, 스크런칭 드라이를 하고 손가락으로 방향을 잡아 주고 빗질하여 자연스러운 컬의 움직임을 연출합니다.

Man Hair Style Design

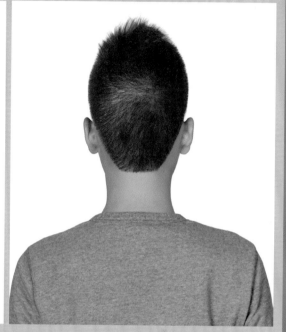

MAN-2021-051-1 MAN-2021-051-2 MAN-2021-051-3

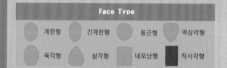

Face Type

계란형　긴계란형　둥근형　역삼각형

육각형　삼각형　네모난형　직사각형

Hair Cut Method-
Technology Manual 035 Page 참고

극단적으로 짧고 자유로운 흐름이 독특하고 트렌디한 감성을 주는 헤어스타일!

- 사이드와 백을 시원스럽게 거칠어 보이지 않도록 면을 다듬으면서 커트하고 앞머리와 톱은 뾰족뾰족하고 끝부분이 가늘어지도록 대담하게 바이어스 블런트 커트를 합니다.
- 틴닝으로 모발 끝이 가볍도록 커트를 하고, 슬라이딩 커트로 헤어스타일의 표정을 연출합니다.
- 헤어 드라이기로 뿌리부터 말리면서 80%를 말린 후 소프트 왁스를 고르게 바르고, 손가락으로 자유롭게 연출합니다.

Man Hair Style Design

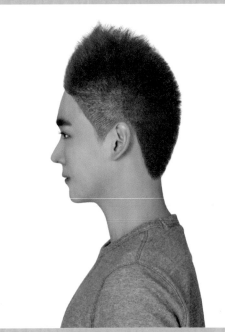

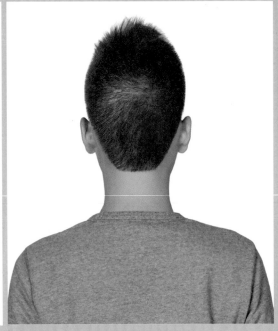

MAN-2021-052-1   MAN-2021-052-2   MAN-2021-052-3

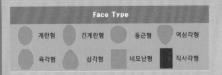

Hair Cut Method-
Technology Manual 035 Page 참고

자유롭고 나만의 개성을 독특하게 표현한 개성파 남성의 밀리터리 감성의 헤어스타일!

- 극단적이고 파격적으로 앞머리는 없고 두정부 쪽으로 길어지고 뾰족뾰족하고 가늘어지는 흐름을 연출한 헤어스타일입니다.
- 사이드와 백을 시원스럽게 거칠어 보이지 않도록 면을 다듬으면서 커트하고 앞머리와 톱은 뾰족뾰족하고 끝부분이 가늘어지도록 대담하게 바이어스 블런트 커트를 합니다.
- 틴닝으로 모발 끝이 가볍도록 커트를 하고, 슬라이딩 커트로 헤어스타일의 표정을 연출합니다.
- 헤어 드라이기로 뿌리부터 말리면서 80%를 말린 후 소프트 왁스를 고르게 바르고, 손가락으로 자유롭게 연출합니다.

Man Hair Style Design

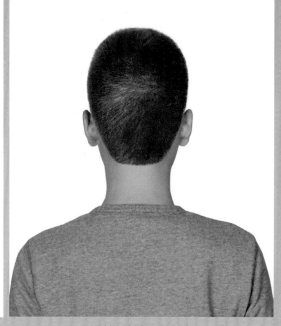

MAN-2021-053-1   MAN-2021-053-2   MAN-2021-053-3

Face Type			
계란형	긴계란형	둥근형	역삼각형
육각형	삼각형	네모난형	직사각형

Hair Cut Method-
Technology Manual 035Page 참고

시원하고 깨끗한 밀리터리 감각의 헤어스타일!

• 다양하고 수많은 헤어스타일 중에서 가장 짧은 헤어스타일입니다.

• 긴 가위로 섬세하게 커트하여 곡선의 부드럽고 깨끗한 면을 잘 다듬어야 멋스러움의 밀리터리 헤어스타일이 완성됩니다.

Man Hair Style Design

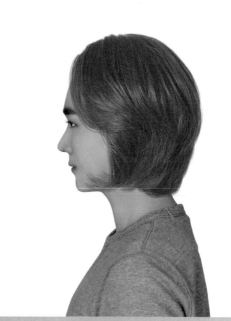

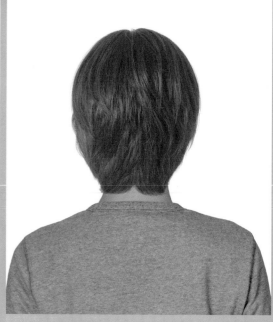

MAN-2021-054-1 MAN-2021-054-2 MAN-2021-054-3

Face Type			
계란형	긴계란형	둥근형	역삼각형
육각형	삼각형	네모난형	직사각형

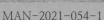

Hair Cut Method-
Technology Manual 100 Page 참고

곡선의 실루엣으로 율동하는 모발 흐름이 부드럽고 프로페셔널한 남성미를 강조한 헤어스타일!

• 풀린 듯한 컬이 바람결에 움직이는 부드러움 모발 흐름이 섬세하고 감각적인 남성미를 강조한 헤어스타일입니다.

• 언더에서 그러데이션으로 커트하여 볼륨을 만들고, 톱 쪽에서 레이어드를 연결하여 부드러운 곡선의 실루엣을 연출합니다.

• 모발 길이 중간, 끝에서 틴닝 커트를 하여 모발량을 조절합니다.

• 굵은 롤로 1.2~1.5컬의 파마를 합니다.

• 헤어 드라이기로 뿌리부터 말리면서 80%를 말린 후 글로스 왁스를 고르게 바르고, 손가락 빗질하여 스타일링을 합니다.

Man Hair Style Design

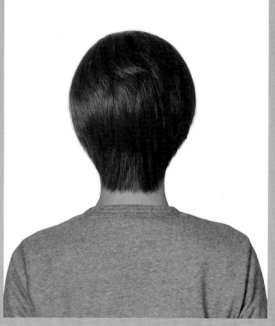

MAN-2021-055-1   MAN-2021-055-2   MAN-2021-055-3

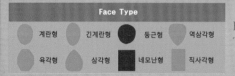

Face Type

| 계란형 | 긴계란형 | 둥근형 | 역삼각형 |
| 육각형 | 삼각형 | 네모난형 | 직사각형 |

Hair Cut Method-
Technology Manual 093 Page 참고

부드럽고 순수한 이미지와 여성스러운 느낌을 주는 댄디 헤어스타일!

- 윤기감이 느껴지는 차분한 생머리의 흐름은 순수하고 맑은 감성이 느껴지는 댄디 헤어스타일입니다.
- 언더에서 그러데이션으로 커트하면서 목덜미의 부드러움을 연출하고, 톱 쪽에서 레이어드 커트로 후두부의 부드러움과 볼륨 있는 실루엣을 연출합니다.
- 측면은 얼굴을 감싸는 사선 라인으로 가볍게 커트합니다.
- 헤어 드라이기로 뿌리부터 말리면서 80%를 말린 후 글로스 왁스를 고르게 바르고, 손가락 빗질하면서 드라이하여 자연스러운 움직임을 연출합니다.

Man Hair Style Design

MAN-2021-056-1

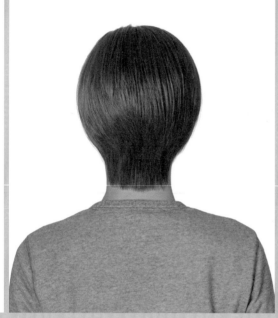

MAN-2021-056-2

MAN-2021-056-3

Face Type

계란형	긴계란형
둥근형	역삼각형
육각형	삼각형
네모난형	직사각형

Hair Cut,Permament Wave Method-
Technology Manual 093 Page 참고

부드럽고 세련되고 지적인 이미지를 강조한 트렌디 감성의 헤어스타일!

• 부드럽게 윤기 있고 차분하게 안말음 되는 흐름의 헤어스타일은 지적이면서 청순한 아름다움을 주는 헤어스타일입니다.

• 언더에서 그러데이션으로 커트하면서 목덜미의 부드러움을 연출하고, 톱 쪽에서 레이어드 커트로 후두부의 부드러움과 볼륨 있는 실루엣을 연출합니다.

• 측면은 얼굴을 감싸는 사선 라인으로 가볍게 커트합니다.

• 헤어 드라이기로 뿌리부터 말리면서 80%를 말린 후 글로스 왁스를 고르게 바르고, 손가락 빗질하면서 드라이하여 자연스러운 움직임을 연출합니다.

Man Hair Style Design

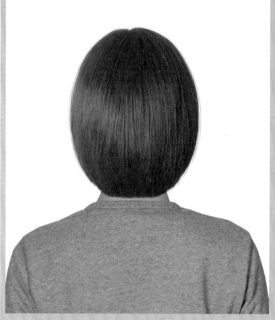

MAN-2021-057-1   MAN-2021-057-2   MAN-2021-057-3

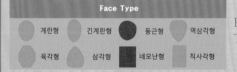

Hair Cut Method-
Technology Manual 154 Page 참고

찰랑찰랑하고 윤기 나는 생머리의 흐름이 섬세하고 독특한 개성의 머시룸 헤어스타일!

• 머시룸 헤어스타일은 오래전부터 사랑받아온 스타일로 앞머리 흐름, 언더라인의 변화를 주면 독특한 개성의 이미지와 트렌디한 감각을 주는 큐티 헤어스타일입니다.

• 언더에서 얼굴 방향으로 급격하게 짧아지는 라운드 라인을 만들면서 그러데이션 커트를 시작하여 톱 쪽에서 레이어드 커트를 하여 부드럽고 풍성한 볼륨의 실루엣을 연출합니다.

• 틴닝과 슬라이드 커트를 하여 가벼운 흐름을 연출합니다.

• 헤어 드라이기로 뿌리부터 말리면서 80%를 말린 후 브러시 안말음 흐름을 만들고, 글로스 왁스를 고르게 바르고 빗질하면서 드라이하여 자연스러운 움직임을 연출합니다.

Man Hair Style Design

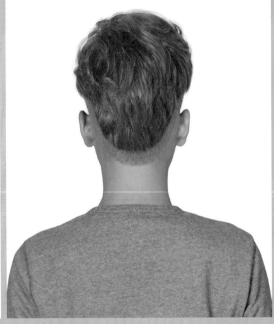

MAN-2021-058-1   MAN-2021-058-2   MAN-2021-058-3

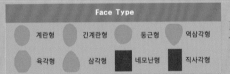

Face Type			
계란형	긴계란형	둥근형	역삼각형
육각형	삼각형	네모난형	직사각형

Hair Cut Method-
Technology Manual 035, 093 Page 참고

헤어스타일 작품을 보는 듯 풍성한 웨이브 컬의 율동이 세련되고 트렌디한 헤어스타일!

• 부드럽고 풍성한 볼륨의 웨이브 컬이 부드러운 실루엣으로 연출되는 느낌이 영화처럼 작품을 보는 듯 우아하고 품격이 느껴지는 트렌디한 개성의 아름다움을 주는 헤어스타일입니다.

• 언더에서 클리퍼 커트로 투블럭 라인을 연출하고, 톱 쪽으로 그러데이션과 레이어드를 넣어서 자연스러운 실루엣을 연출합니다.

• 전체를 틴닝과 슬라이딩 커트로 가벼운 흐름을 연출합니다.

• 굵은 롤로 1.2~1.8컬의 파마를 해 줍니다.

• 헤어 드라이기로 뿌리부터 말리면서 70%를 말린 후 글로스 왁스를 고르게 바르고, 손가락 빗질하면서 드라이하여 자연스러운 연출을 합니다.

Man Hair Style Design

MAN-2021-059-1

MAN-2021-059-2

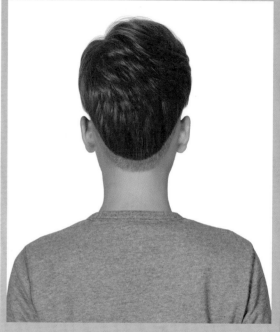

MAN-2021-059-3

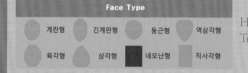

Face Type

| 계란형 | 긴계란형 | 둥근형 | 역삼각형 |
| 육각형 | 삼각형 | 네모난형 | 직사각형 |

Hair Cut Method-
Technology Manual 035, 093 Page 참고

단정하면서 순수한 아름다움을 주는 스포티 헤어스타일!

• 귀를 보이게 하는 숏 헤어스타일은 라인, 곡선의 실루엣 모발 끝의 흐름이 포인트입니다.

• 대부분 얼굴형에 잘 어울리는 헤어스타일이며 언더에서 투블럭, 라인을 강조하고 두정부와 앞머리를 길게 처리하여 이마에서 부드러운 율동감을 표현합니다.

• 굵은 롯드로 1~1.5컬의 웨이브 파마를 합니다.

• 파마 시 뿌리 부분이 꺾이거나 눌리지 않도록 주의하여 파마를 합니다.

• 헤어 드라이기로 뿌리부터 말리면서 80%를 말린 후 글로스 왁스를 고르게 바르고, 손가락 빗질하면서 드라이하여 자연스러운 웨이브 컬의 움직임을 연출합니다.

Man Hair Style Design

MAN-2021-060-1   MAN-2021-060-2   MAN-2021-060-3

Face Type			
계란형	긴계란형	둥근형	역삼각형
육각형	삼각형	네모난형	직사각형

Hair Cut Method-
Technology Manual 035, 093 Page 참고

달콤하고 사랑스러운 이미지가 느껴지는 큐트 감성의 헤어스타일!

• 두정부와 앞머리에 자유롭게 율동하는 러블리 웨이브 컬이 지루하지 않고 센스 있는 멋스러움과 개성을 연출한 아름다운 헤어스타일입니다.

• 언더에서 투블럭으로 커트하여 시원하게 목선과 귀선을 보이게 하고, 톱 쪽으로 그러데이션과 레이어드를 넣어서 가볍고 부드러운 실루엣을 연출합니다.

• 틴닝 커트를 모발 길이 중간, 끝부분에 넣어 주어 가벼운 흐름을 연출합니다.

• 굵은 롯드로 1~1.5컬의 웨이브 파마를 합니다.

• 헤어 드라이기로 뿌리부터 말리면서 80%를 말린 후 글로스 왁스를 고르게 바르고, 손가락 빗질하면서 드라이하여 자연스러운 웨이브 컬의 움직임을 연출합니다.

Man Hair Style Design

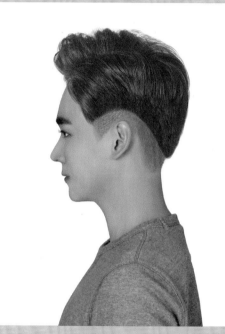

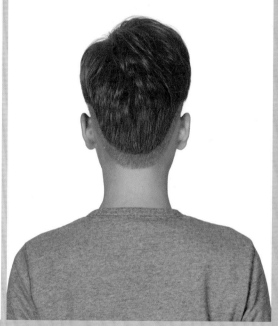

MAN-2021-061-1   MAN-2021-061-2   MAN-2021-061-3

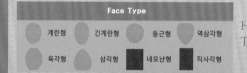

Face Type

| 계란형 | 긴계란형 | 둥근형 | 역삼각형 |
| 육각형 | 삼각형 | 네모난형 | 직사각형 |

Hair Cut,Permament Wave Method-
Technology Manual 035, 093 Page 참고

심플하면서 청순하고 깨끗한 남성미가 느껴지는 쿠튀르 감각의 헤어스타일!

• 이마를 시원스럽게 드러내고 차분하고 단정하면서 곱게 빗겨 넘긴 흐름이 깨끗하고 품격과 격조가 느껴지는 쿠튀르 감성의 헤어스타일입니다.

• 굵은 롯드로 1~1.5컬의 웨이브 파마를 합니다.

• 헤어 드라이기로 뿌리부터 말리면서 80%를 말린 후 글로스 왁스를 고르게 바르고, 손가락 빗질하면서 드라이하여 자연스러운 웨이브 컬의 움직임을 연출합니다.

Man Hair Style Design

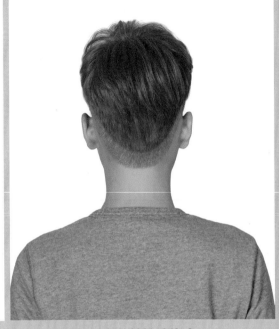

MAN-2021-062-1

MAN-2021-062-2

MAN-2021-062-3

Face Type			
계란형	긴계란형	둥근형	역삼각형
육각형	삼각형	네모난형	직사각형

Hair Cut Method-
Technology Manual 035, 093 Page 참고

나만의 개성을 표출하고 싶은 멋스러운 남성들의 변신 큐트 감각의 러블리 헤어스타일!

• 댄디스러우면서 청순하고 발랄한 이미지가 느껴지는 트렌디한 감각의 헤어스타일로 특별한 남성의 취향이 느껴지는 아름다운 헤어스타일입니다.

• 언더에서 투블럭 라인을 연출하고, 톱 쪽으로 레이어드를 넣어서 자연스러운 실루엣을 표현합니다.

• 전체를 틴닝과 슬라이딩 커트로 가벼운 흐름을 연출합니다.

• 굵은 롤로 1.2~1.5컬의 파마를 해 줍니다.

• 헤어 드라이기로 뿌리부터 말리면서 70%를 말린 후 글로스 왁스를 고르게 바르고, 손가락 빗질하면서 드라이하여 자연스러운 연출을 합니다.

Man Hair Style Design

MAN-2021-063-1   MAN-2021-063-2   MAN-2021-063-3

Face Type

| 계란형 | 긴계란형 | 둥근형 | 역삼각형 |
| 육각형 | 삼각형 | 네모난형 | 직사각형 |

Hair Cut Method-
Technology Manual 035 Page 참고

시원하게 이마를 드러내고 단정하게 빗은 흐름이 활동적이고 격조가 느껴지는 댄디 헤어스타일!

- 슈트 차림의 멋쟁이 남성과 잘 어울릴 것 같은 쿠튀르 감성의 헤어스타일로 활동적이고 시크한 댄디 헤어스타일입니다.
- 언더에서 짧은 하이 그러데이션으로 커트하여 시원하게 목선과 귀선을 보이게 하고, 톱 쪽에서 레이어드를 넣어서 가볍고 부드러운 실루엣을 연출합니다.
- 틴닝 커트를 모발 길이 중간, 끝부분에 넣어 주어 가벼운 흐름을 연출합니다.
- 굵은 롯드로 1~1.5컬의 웨이브 파마를 합니다.
- 헤어 드라이기로 뿌리부터 말리면서 80%를 말린 후 글로스 왁스를 고르게 바르고, 손가락 빗질하면서 드라이하여 자연스러운 웨이브 컬의 움직임을 연출합니다.

Man Hair Style Design

MAN-2021-064-1

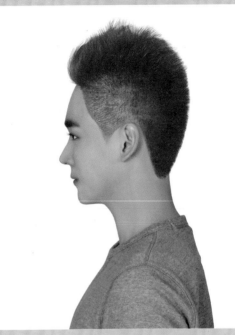

MAN-2021-064-2

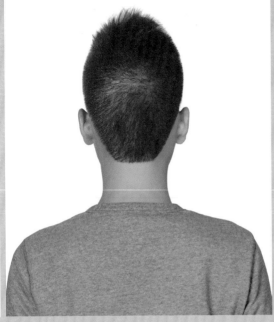

MAN-2021-064-3

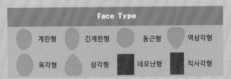

Face Type			
계란형	긴계란형	둥근형	역삼각형
육각형	삼각형	네모난형	직사각형

Hair Cut Method-
Technology Manual 035 Page 참고

평범함을 싫어하는 개성파 남성의 밀리터리 감각의 헤어스타일!

- 자유롭고 독특한 감성의 헤어스타일로 강한 남성미가 느껴지는 밀리터리 감각의 개성 있고 파격적이고 실험적인 헤어스타일입니다.
- 사이드와 백을 시원스럽게 거칠어 보이지 않도록 면을 다듬으면서 커트하고 앞머리와 톱은 뾰족뾰족하고 끝부분이 가늘어지도록 대담하게 바이어스 블런트 커트를 합니다.
- 틴닝으로 모발 끝이 가볍도록 커트를 하고, 슬라이딩 커트로 헤어스타일의 표정을 연출합니다.
- 헤어 드라이기로 뿌리부터 말리면서 80%를 말린 후 소프트 왁스를 고르게 바르고, 손가락으로 자유롭게 연출합니다.

Man Hair Style Design

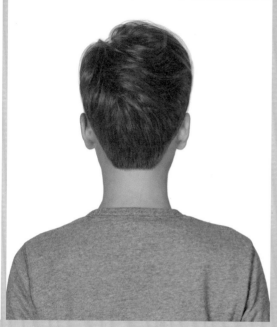

MAN-2021-065-1   MAN-2021-065-2   MAN-2021-065-3

Face Type			
계란형	긴계란형	둥근형	역삼각형
육각형	삼각형	네모난형	직사각형

Hair Cut Method-
Technology Manual 035, 093 Page 참고

차분하고 단정하면서 깨끗한 이미지가 느껴지는 댄디 감성의 헤어스타일!

• 차분하고 윤기감을 주는 생머리의 흐름이 맑고 순수한 소년 감성이 느껴지는 헤어스타일로 멋스럽고 부드럽고 세련된 이미지를 주는 헤어스타일입니다.

• 언더에서 하이 그러데이션을 커트하여 목선을 깨끗하게 연출하고, 톱 쪽으로 레이어드를 넣어서 자연스러운 실루엣을 연출합니다.

• 전체를 틴닝 커트로 가벼운 흐름을 연출합니다.

• 굵은 롤로 1~1.3컬의 파마를 해 줍니다.

• 헤어 드라이기로 뿌리부터 말리면서 80%를 말린 후 글로스 왁스를 고르게 바르고, 손가락 빗질하면서 드라이하여 자연스러운 연출을 합니다.

Man Hair Style Design

MAN-2021-066-1

MAN-2021-066-2

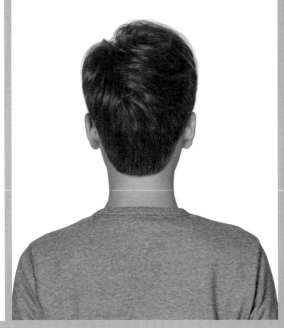

MAN-2021-066-3

Face Type			
계란형	긴계란형	동근형	역삼각형
육각형	삼각형	네모난형	직사각형

Hair Cut Method-
Technology Manual 035, 093 Page 참고

두둥실 율동하는 웨이브 컬이 멋스럽고 매력적인 헤어스타일!

- 풍성한 볼륨을 만들면서 자유롭고 부드러운 웨이브 컬이 춤을 추듯 율동하는 숏 헤어스타일로 신비롭고 매력적인 남성스러움을 느끼게 하는 헤어스타일입니다.
- 언더에서 하이 그러데이션을 커트하여 목선을 깨끗하게 연출하고, 톱 쪽으로 레이어드를 넣어서 자연스러운 실루엣을 연출합니다.
- 전체를 틴닝 커트로 가벼운 흐름을 연출합니다.
- 굵은 롤로 1.2~1.5컬의 파마를 해 줍니다.
- 헤어 드라이기로 뿌리부터 말리면서 70%를 말린 후 글로스 왁스를 고르게 바르고, 손가락 빗질하면서 드라이하여 자연스러운 연출을 합니다.

Man Hair Style Design

MAN-2021-067-1

MAN-2021-067-2

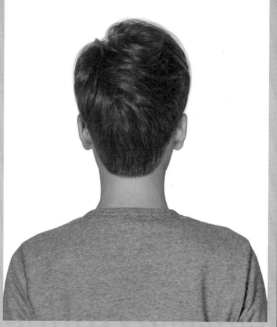

MAN-2021-067-3

Face Type			
계란형	긴계란형	둥근형	역삼각형
육각형	삼각형	네모난형	직사각형

Hair Cut Method-
Technology Manual 093 Page 참고

세련되고 트렌디한 남성미를 느끼게 하는 앤드로지너스 감각의 헤어스타일!

- 부드러운 웨이브 컬이 살아 있는 듯 율동하는 실루엣이 사랑스럽고 세련되고 개성적인 이미지를 느끼게 하는 헤어스타일입니다.
- 언더에서 하이 그러데이션을 커트하여 목선을 깨끗하게 연출하고, 톱 쪽으로 레이어드를 넣어서 자연스러운 실루엣을 연출합니다.
- 전체를 틴닝과 슬라이딩커트로 가벼운 흐름을 연출합니다.
- 굵은 롤로 1.2~1.5컬의 파마를 해 줍니다.
- 헤어 드라이기로 뿌리부터 말리면서 70%를 말린 후 글로스 왁스를 고르게 바르고, 손가락 빗질하면서 드라이하여 자연스러운 연출을 합니다.

Man Hair Style Design

MAN-2021-068-1

MAN-2021-068-2

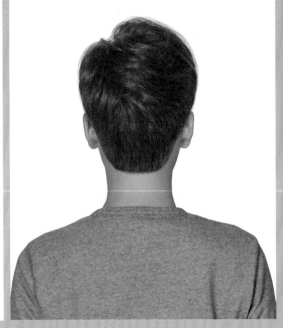

MAN-2021-068-3

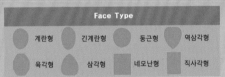

Hair Cut Method-
Technology Manual 035, 093 age 참고

춤을 추는 듯 웨이브 컬이 트렌디하고 매력적인 러블리 헤어스타일!

- 짧은 스타일의 단조로움을 극복하기 위해 가늘어지고 부드러운 질감과 부드러운 웨이브 컬을 디자인하여 트렌디하고 매력적인 이미지를 강조한 헤어스타일입니다.
- 언더에서 하이 그러데이션을 커트하여 목선을 깨끗하게 연출하고, 톱 쪽으로 레이어드를 넣어서 자연스러운 실루엣을 연출합니다.
- 전체를 틴닝 커트로 가벼운 흐름을 연출합니다.
- 굵은 롤로 1.2~1.8컬의 파마를 해 줍니다.
- 헤어 드라이기로 뿌리부터 말리면서 70%를 말린 후 글로스 왁스를 고르게 바르고, 손가락 빗질하면서 드라이하여 자연스러운 연출을 합니다.

Man Hair Style Design

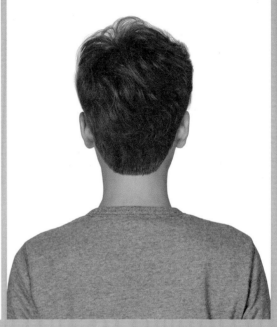

MAN-2021-069-1

MAN-2021-069-2

MAN-2021-069-3

Face Type			
계란형	긴계란형	둥근형	역삼각형
육각형	삼각형	네모난형	직사각형

Hair Cut Method-
Technology Manual 035, 093 Page 참고

세련되고 트렌디한 패션 감각이 느껴지는 앤드로지너스 감성의 헤어스타일!

• 부드러운 웨이브 컬의 흐름, 윤기 나는 질감이 어우러져 달콤하고 신비로운 감성이 느껴지는 트렌디한 감각의 아름다운 헤어스타일입니다.

• 언더에서 하이 그러데이션을 커트하여 목선을 깨끗하게 연출하고, 톱 쪽으로 레이어드를 넣어서 자연스러운 실루엣을 연출합니다.

• 전체를 틴닝 커트로 가벼운 흐름을 연출합니다.

• 굵은 롤로 1.2~1.5컬의 파마를 해 줍니다.

• 헤어 드라이기로 뿌리부터 말리면서 70%를 말린 후 글로스 왁스를 고르게 바르고, 손가락 빗질하면서 드라이하여 자연스러운 연출을 합니다.

Man Hair Style Design

MAN-2021-070-1

MAN-2021-070-2

MAN-2021-070-3

Face Type

| 계란형 | 긴계란형 | 둥근형 | 역삼각형 |
| 육각형 | 삼각형 | 네모난형 | 직사각형 |

Hair Cut Method-
Technology Manual 100 Page 참고

바닷바람에 휘날리듯 율동하는 웨이브 컬이 사랑스러운 로맨틱 감성의 헤어스타일!

• 부드러운 곡선의 실루엣과 웨이브 컬이 어우러져 사랑스럽고 화려한 분위기의 아름다운 헤어스타일입니다.

• 언더에서 하이 그러데이션을 커트하여 목선을 부드럽게 연출하고, 톱 쪽으로 레이어드를 넣어서 자연스러운 풍성한 실루엣을 연출합니다.

• 전체를 틴닝과 슬라이딩 커트로 가벼운 흐름을 연출합니다.

• 굵은 롤로 1.2~1.8컬의 파마를 해 줍니다.

• 헤어 드라이기로 뿌리부터 말리면서 70%를 말린 후 글로스 왁스를 고르게 바르고, 손가락 빗질하면서 드라이하여 자연스러운 연출을 합니다.

Man Hair Style Design

  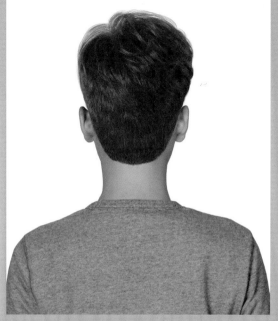

MAN-2021-071-1　　　　　　　MAN-2021-071-2　　　　　　　MAN-2021-071-3

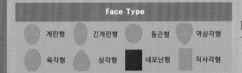

Face Type

계란형　　긴계란형　　둥근형　　역삼각형

육각형　　삼각형　　네모난형　　직사각형

Hair Cut Method-
Technology Manual 035, 093 Page 참고

단정하면서 청순하고 큐트한 이미지를 느끼게 하는 러블리 헤어스타일!

- 짧은 헤어스타일이지만 깨끗한 라인과 부드러운 웨이브 컬이 어우러져 달콤하고 신비로운 이미지가 느껴지는 러블리 헤어스타일입니다.
- 언더에서 하이 그러데이션을 커트하여 목선을 깨끗하게 연출하고, 톱 쪽으로 레이어드를 넣어서 자연스러운 실루엣을 연출합니다.
- 전체를 틴닝과 슬라이딩 커트로 가벼운 흐름을 연출합니다.
- 굵은 롤로 1.2~1.5컬의 파마를 해 줍니다.
- 헤어 드라이기로 뿌리부터 말리면서 70%를 말린 후 글로스 왁스를 고르게 바르고, 손가락 빗질하면서 드라이하여 자연스러운 연출을 합니다.

Man Hair Style Design

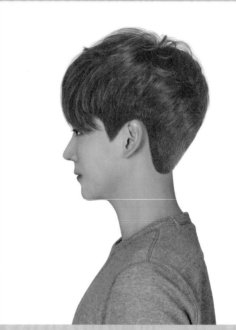

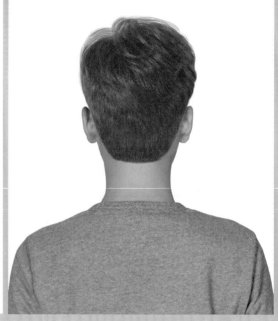

MAN-2021-072-1

MAN-2021-072-2

MAN-2021-072-3

Face Type			
계란형	긴계란형	둥근형	역삼각형
육각형	삼각형	네모난형	직사각형

Hair Cut Method-
Technology Manual 035, 093 Page 참고

세련되고 트렌디한 개성과 큐트한 이미지를 느끼게 하는 러블리 헤어스타일!

- 짧은 헤어스타일이지만 깨끗한 라인과 부드러운 웨이브 컬이 어우러져 달콤하고 신비로운 이미지가 느껴지는 러블리 헤어스타일입니다.
- 언더에서 하이 그러데이션을 커트하여 목선을 깨끗하게 연출하고, 톱 쪽으로 레이어드를 넣어서 자연스러운 실루엣을 연출합니다.
- 전체를 틴닝과 슬라이딩 커트로 가벼운 흐름을 연출합니다.
- 굵은 롤로 1.2~1.5컬의 파마를 해 줍니다.
- 헤어 드라이기로 뿌리부터 말리면서 70%를 말린 후 글로스 왁스를 고르게 바르고, 손가락 빗질하면서 드라이하여 자연스러운 연출을 합니다.

Man Hair Style Design

MAN-2021-073-1

MAN-2021-073-2

MAN-2021-073-3

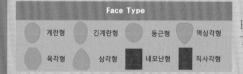

Face Type			
계란형	긴계란형	둥근형	역삼각형
육각형	삼각형	네모난형	직사각형

Hair Cut Method-
Technology Manual 035, 093 Page 참고

웨이브 컬이 율동하여 부드러우면서 댄디스러움이 연출되는 감성 헤어스타일!

• 언더 커트로 짧고 깨끗하게 언더 부분과 두정부의 웨이브 컬이 조화되어 차분하고 부드러운 댄디 스타일의 멋스러움이 연출되는 헤어스타일입니다.

• 언더에서 짧은 언더 커트를 하여 목선을 깨끗하게 연출하고, 톱 쪽으로 레이어드를 넣어서 자연스러운 실루엣을 연출합니다.

• 전체를 틴닝과 슬라이딩 커트로 가벼운 흐름을 연출합니다.

• 굵은 롤로 1.2~1.5컬의 파마를 해 줍니다.

• 헤어 드라이기로 뿌리부터 말리면서 70%를 말린 후 글로스 왁스를 고르게 바르고, 손가락 빗질하면서 드라이하여 자연스러운 연출을 합니다.

Man Hair Style Design

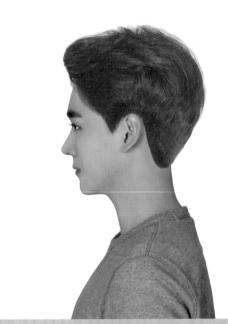
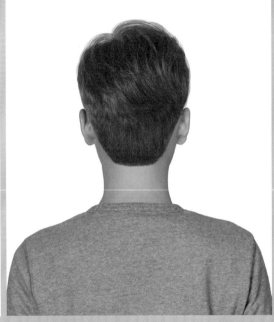

MAN-2021-074-1   MAN-2021-074-2   MAN-2021-074-3

Face Type			
계란형	긴계란형	둥근형	역삼각형
육각형	삼각형	네모난형	직사각형

Hair Cut Method-
Technology Manual 035, 093 Page 참고

웨이브 컬이 율동하여 부드러우면서 댄디스러움이 연출되는 감성 헤어스타일!

• 언더 커트로 짧고 깨끗하게 언더 부분과 두정부의 웨이브 컬이 조화되어 차분하고 부드러운 댄디 스타일의 멋스러움이 연출되는 헤어스타일입니다.

• 언더에서 짧은 언더 커트를 하여 목선을 깨끗하게 연출하고, 톱 쪽으로 레이어드를 넣어서 자연스러운 실루엣을 연출합니다.

• 전체를 틴닝과 슬라이딩 커트로 가벼운 흐름을 연출합니다.

• 굵은 롤로 1.2~1.5컬의 파마를 해 줍니다.

• 헤어 드라이기로 뿌리부터 말리면서 70%를 말린 후 글로스 왁스를 고르게 바르고, 손가락 빗질하면서 스타일링합니다.

Man Hair Style Design

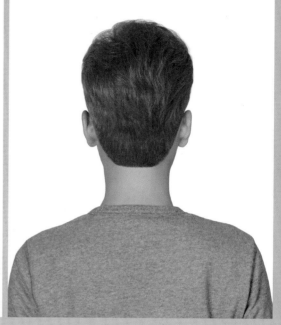

MAN-2021-075-1   MAN-2021-075-2   MAN-2021-075-3

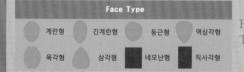

Face Type			
계란형	긴계란형	둥근형	역삼각형
육각형	삼각형	네모난형	직사각형

Hair Cut Method-
Technology Manual 035, 093 Page 참고

품위와 격조가 느껴지는 멋스러운 댄디 스타일 감각의 헤어스타일!

• 차분하고 단정하면서 품위 있는 취향이 묻어 나는 헤어스타일입니다.

• 깨끗하고 단정한 감성이 느껴지기도 합니다.

• 언더에서 짧은 언더 커트를 하여 목선을 깨끗하게 연출하고, 톱 쪽으로 레이어드를 넣어서 자연스러운 실루엣을 연출합니다.

• 전체를 틴닝과 슬라이딩 커트로 가벼운 흐름을 연출합니다.

• 굵은 롤로 1.2~1.5컬의 파마를 해 줍니다.

• 헤어 드라이기로 뿌리부터 말리면서 70%를 말린 후 글로스 왁스를 고르게 바르고, 손가락 빗질하면서 드라이하여 자연스러운 연출을 합니다.

Man Hair Style Design

MAN-2021-076-1

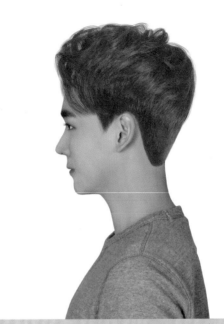

MAN-2021-076-2

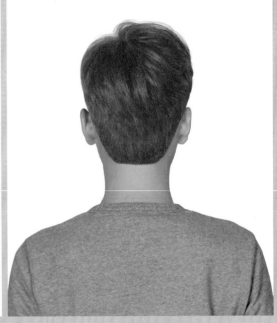

MAN-2021-076-3

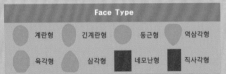

Face Type			
계란형	긴계란형	둥근형	역삼각형
육각형	삼각형	네모난형	직사각형

Hair Cut Method-
Technology Manual 035, 093 Page 참고

차분하고 단정한 멋스러운 남성의 개성이 느껴지면서 지적인 품위의 댄디 헤어스타일!

- 엄격한 이미지가 느껴지면서도 부드럽고 세련된 매력이 느껴지는 헤어스타일입니다.
- 언더에서 짧은 언더 커트를 하여 목선을 깨끗하게 연출하고, 톱 쪽으로 레이어드를 넣어서 자연스러운 실루엣을 연출합니다.
- 전체를 틴닝과 슬라이딩 커트로 가벼운 흐름을 연출합니다.
- 굵은 롤로 1.2~1.5컬의 파마를 해 줍니다.
- 헤어 드라이기로 뿌리부터 말리면서 70%를 말린 후 글로스 왁스를 고르게 바르고, 손가락 빗질하면서 드라이하여 자연스러운 연출을 합니다.

Man Hair Style Design

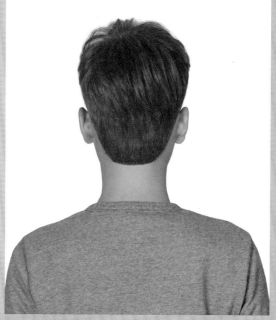

MAN-2021-077-1   MAN-2021-077-2   MAN-2021-077-3

Face Type			
계란형	긴계란형	둥근형	역삼각형
육각형	삼각형	네모난형	직사각형

Hair Cut Method-
Technology Manual 035, 093 Page 참고

발랄하고 청순한 이미지에 자유로운 소년 감성이 느껴지는 헤어스타일!

- 활동적인 느낌을 주면서 맑고 자유로운 이미지가 느껴지는 여성스러우면서 멋스러운 댄디 헤어스타일입니다.
- 언더에서 짧은 언더 커트를 하여 목선을 깨끗하게 연출하고, 톱 쪽으로 레이어드를 넣어서 자연스러운 실루엣을 연출합니다.
- 전체를 틴닝과 슬라이딩 커트로 가벼운 흐름을 연출합니다.
- 굵은 롤로 1.2~1.5컬의 파마를 해 줍니다.
- 헤어 드라이기로 뿌리부터 말리면서 70%를 말린 후 글로스 왁스를 고르게 바르고, 손가락 빗질하면서 드라이하여 자연스러운 연출을 합니다.

Man Hair Style Design

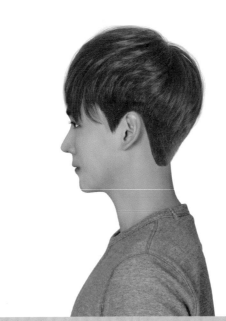

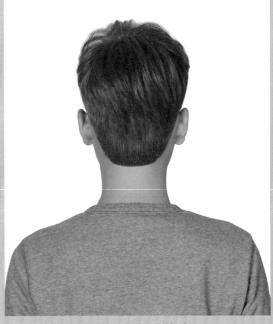

MAN-2021-078-1

MAN-2021-078-2

MAN-2021-078-3

Face Type

계란형   긴계란형   둥근형   역삼각형

육각형   삼각형   네모난형   직사각형

Hair Cut Method-
Technology Manual 035, 093 Page 참고

나만의 개성을 표출하고 싶은 멋스러운 남성들의 변신 큐트 감각의 러블리 헤어스타일!

• 댄디스러우면서 청순하고 깨끗한 이미지가 느껴지는 트렌디한 감각의 헤어스타일로 특별한 남성의 취향이 느껴지는 아름다운 헤어스타일입니다.

• 언더에서 하이 그러데이션을 커트하여 목선을 깨끗하게 연출하고, 톱 쪽으로 레이어드를 넣어서 자연스러운 실루엣을 연출합니다.

• 전체를 틴닝과 슬라이딩 커트로 가벼운 흐름을 연출합니다.

• 굵은 롤로 1.2~1.5컬의 파마를 해 줍니다.

• 헤어 드라이기로 뿌리부터 말리면서 70%를 말린 후 글로스 왁스를 고르게 바르고, 손가락 빗질하면서 드라이하여 자연스러운 연출을 합니다.

Man Hair Style Design

  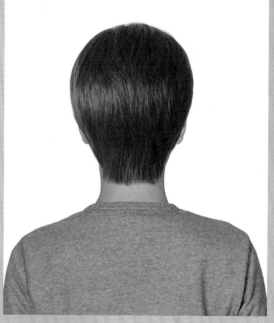

MAN-2021-079-1   MAN-2021-079-2   MAN-2021-079-3

Face Type			
계란형	긴계란형	둥근형	역삼각형
육각형	삼각형	네모난형	직사각형

Hair Cut Method-
Technology Manual 093 Page 참고

부드럽고 순수한 이미지를 느끼게 하는 큐트 헤어스타일!

• 부드럽고 세련된 이미지를 주기 위해 언더 라인의 변화와 목덜미를 감싸는 부드러운 흐름을 연출하고, 끝부분이 가볍고 움직임을 주는 커트를 하여야 합니다.

• 언더에서 하이 그러데이션과 톱 쪽에서 레이어드를 연결하여 가벼운 층을 만들고 틴닝과 슬라이딩 커트를 하여 경쾌한 움직임을 표현합니다.

• 헤어 드라이기로 뿌리부터 말리면서 80%를 말린 후 글로스 왁스를 고르게 바르고, 손가락 빗질하면서 드라이하여 자연스러운 움직임을 연출합니다.

Man Hair Style Design

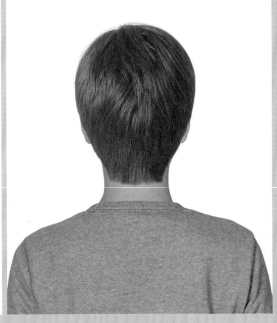

MAN-2021-080-1   MAN-2021-080-2   MAN-2021-080-3

Face Type			
계란형	긴계란형	둥근형	역삼각형
육각형	삼각형	네모난형	직사각형

Hair Cut Method-
Technology Manual 093Page 참고

바람에 흩날리듯 자연스러움과 신비롭고 달콤한 느낌을 주는 로맨틱 헤어스타일!

• 전체적으로 깃털처럼 부드럽고 가볍게 커트하여 얼굴을 감싸는 흐름을 연출하여 자유롭고 순수한 이미지를 연출합니다.

• 목선을 가볍고 부드러운 흐름을 연출하고 앞머리, 사이드는 슬라이딩 커트 기법으로 가늘어지고 가벼운 질감을 표현하여 소프트한 남성미를 강조합니다.

• 헤어 드라이기로 뿌리부터 말리면서 80%를 말린 후 글로스 왁스를 고르게 바르고, 손가락 빗질하면서 드라이하여 자연스러운 움직임을 연출합니다.

Man Hair Style Design

MAN-2021-081-1

MAN-2021-081-2

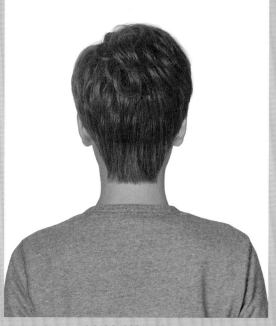

MAN-2021-081-3

Face Type			
계란형	긴계란형	둥근형	역삼각형
육각형	삼각형	네모난형	직사각형

Hair Cut Method-
Technology Manual 093 Page 참고

본래의 곱슬머리 머릿결처럼 자연스럽게 율동하는 흐름이 아름다운 헤어스타일!

• 언더에서 하이 그러데이션 커트를 하고, 톱 쪽으로 부드럽고 풍성한 층을 연결합니다.

• 틴닝 커트를 모발 길이 중간, 끝부분에 넣어서 가벼운 흐름을 연출하고 굵은 롯드로 1~1.5컬의 웨이브 파마를 합니다.

• 파마 시 뿌리 부분이 꺾이거나 눌리지 않도록 주의하여 파마를 합니다.

• 헤어 드라이기로 뿌리부터 말리면서 70%를 말린 후 글로스 왁스를 고르게 바르고, 손가락 빗질하면서 드라이하여 자연스러운 웨이브 컬의 움직임을 연출합니다.

Man Hair Style Design

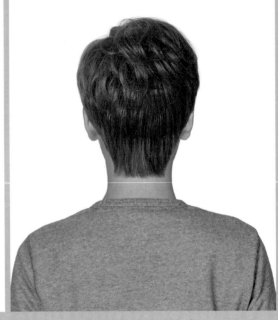

MAN-2021-082-1   MAN-2021-082-2   MAN-2021-082-3

Face Type			
계란형	긴계란형	둥근형	역삼각형
육각형	삼각형	네모난형	직사각형

Hair Cut Method-
Technology Manual 093 Page 참고

두둥실 율동하는 웨이브 컬이 부드럽고 세련된 시크한 아름다움을 주는 헤어스타일!

• 언더에서 하이 그러데이션을 커트하여 목선의 부드러움을 표현하고 풍성한 볼륨을 만들면서 톱 쪽으로 레이어드를 넣어 줍니다.

• 틴닝과 슬라이딩 커트로 가늘어지고 가벼운 흐름을 연출합니다.

• 굵은 롯드로 1~1.5컬의 웨이브 파마를 합니다.

• 파마 시 뿌리 부분이 꺾이거나 눌리지 않도록 주의하여 파마를 합니다.

• 헤어 드라이기로 뿌리부터 말리면서 70%를 말린 후 글로스 왁스를 고르게 바르고, 손가락 빗질하면서 드라이하여 자연스러운 웨이브 컬의 움직임을 연출합니다.

Man Hair Style Design

MAN-2021-083-1

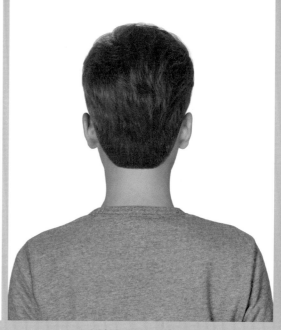

MAN-2021-083-2

MAN-2021-083-3

Face Type			
계란형	긴계란형	둥근형	역삼각형
육각형	삼각형	네모난형	직사각형

Hair Cut Method-
Technology Manual 035, 093 Page 참고

품위와 격조가 느껴지는 멋스러운 댄디 스타일 감각의 헤어스타일!

• 차분하고 단정하면서 품위 있는 취향이 묻어 나는 헤어스타일입니다.

• 깨끗하고 단정한 감성이 느껴지기도 합니다.

• 언더에서 짧은 언더 커트를 하여 목선을 깨끗하게 연출하고, 톱 쪽으로 레이어드를 넣어서 자연스러운 실루엣을 연출합니다.

• 전체를 틴닝과 슬라이딩 커트로 가벼운 흐름을 연출합니다.

• 굵은 롤로 1.2~1.5컬의 파마를 해 줍니다.

• 헤어 드라이기로 뿌리부터 말리면서 80%를 말린 후 글로스 왁스를 고르게 바르고, 손가락 빗질하면서 드라이하여 자연스러운 연출을 합니다.

Man Hair Style Design

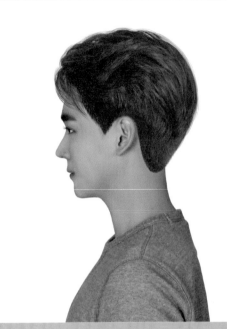

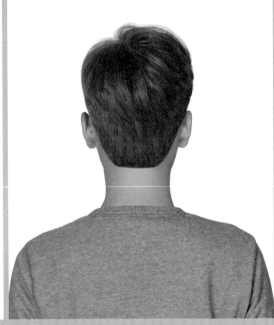

MAN-2021-084-1   MAN-2021-084-2   MAN-2021-084-3

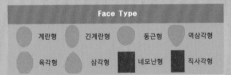

Face Type			
계란형	긴계란형	둥근형	역삼각형
육각형	삼각형	네모난형	직사각형

Hair Cut Method-
Technology Manual 035, 093 Page 참고

멋스러운 남성의 개성이 느껴지면서 지적인 품위의 댄디 헤어스타일!

• 엄격한 이미지가 느껴지면서도 지적이고 세련된 매력이 느껴지는 독특한 캐릭터의 헤어스타일입니다.

• 언더에서 짧은 언더 커트를 하여 목선을 깨끗하게 연출하고, 톱 쪽으로 레이어드를 넣어서 자연스러운 실루엣을 연출합니다.

• 전체를 틴닝과 슬라이딩 커트로 가벼운 흐름을 연출합니다.

• 굵은 롤로 1.2~1.5컬의 파마를 해 줍니다.

• 헤어 드라이기로 뿌리부터 말리면서 70%를 말린 후 글로스 왁스를 고르게 바르고, 손가락 빗질하면서 드라이하여 자연스러운 연출을 합니다.

Man Hair Style Design

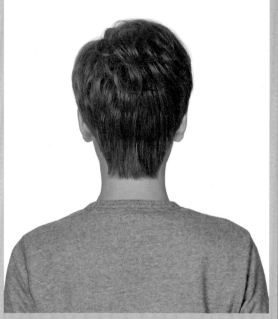

MAN-2021-085-1

MAN-2021-085-2

MAN-2021-085-3

Face Type			
계란형	긴계란형	둥근형	역삼각형
육각형	삼각형	네모난형	직사각형

Hair Cut Method-
Technology Manual 093 Page 참고

부드럽게 넘기는 웨이브 컬의 흐름이 매혹적인 멋스러운 남성미를 강조한 헤어스타일!

• 이마를 시원하게 드러내고 풍성한 볼륨을 만들면서 연출한 웨이브 컬의 흐름이 스포티하고 지적이면서 멋스러운 이미지를 주는 아름다운 헤어스타일입니다.

• 틴닝과 슬라이딩 커트로 가늘어지고 가벼운 흐름을 연출합니다.

• 굵은 롯드로 1~1.5컬의 웨이브 파마를 합니다.

• 파마 시 뿌리 부분이 꺾이거나 눌리지 않도록 주의하여 파마를 합니다.

• 헤어 드라이기로 뿌리부터 말리면서 70%를 말린 후 글로스 왁스를 고르게 바르고, 손가락 빗질하면서 드라이하여 자연스러운 웨이브 컬의 움직임을 연출합니다.

Man Hair Style Design

MAN-2021-086-1

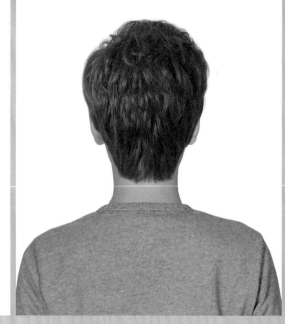

MAN-2021-086-2

MAN-2021-086-3

Face Type

계란형　　긴계란형　　둥근형　　역삼각형

육각형　　삼각형　　네모난형　　직사각형

Hair Cut Method-
Technology Manual 093 Page 참고

보송보송 두둥실 율동하는 웨이브 컬이 매력적이고 사랑스러운 러블리 헤어스타일!

• 두정부에서 풍성한 볼륨으로 자유롭게 율동하는 웨이브 컬이 로맨틱한 감성을 느끼게 하는 아름다운 헤어스타일입니다.

• 언더에서 하이 그러데이션을 커트하여 목선의 부드러움을 표현하고 풍성한 볼륨을 만들면서 톱 쪽으로 레이어드를 넣어 줍니다.

• 틴닝과 슬라이딩 커트로 가늘어지고 가벼운 흐름을 연출합니다.

• 굵은 롯드로 1~1.5컬의 웨이브 파마를 합니다.

• 파마 시 뿌리 부분이 꺾이거나 눌리지 않도록 주의하여 파마를 합니다.

• 헤어 드라이기로 뿌리부터 말리면서 70%를 말린 후 글로스 왁스를 고르게 바르고, 손가락 빗질하면서 드라이하여 자연스러운 웨이브 컬의 움직임을 연출합니다.

Man Hair Style Design

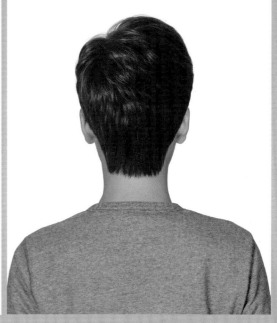

| MAN-2021-087-1 | MAN-2021-087-2 | MAN-2021-087-3 |

Face Type

| 계란형 | 긴계란형 | 둥근형 | 역삼각형 |
| 육각형 | 삼각형 | 네모난형 | 직사각형 |

Hair Cut Method-
Technology Manual 093 Page 참고

바람에 스치듯 자연스러운 포워드 흐름이 자연스럽고 매혹적인 감성을 주는 헤어스타일!

- 건강한 머릿결을 유지하면서 자연스러운 흐름을 연출한 커트, 파마 기법은 디자이너의 핵심 기술이며 완성도가 높아야 손질하기 편하고 고객이 감동합니다.
- 언더에서 세밀하게 커트하여 목선과 얼굴선이 자연스럽고 부드러운 포워드 흐름을 연출합니다.
- 굵은 롯드로 1~1.5컬의 웨이브 파마를 합니다.
- 파마 시 뿌리 부분이 꺾이거나 눌리지 않도록 주의하여 파마를 합니다.
- 헤어 드라이기로 뿌리부터 말리면서 70%를 말린 후 글로스 왁스를 고르게 바르고, 손가락 빗질하면서 드라이하여 자연스러운 웨이브 컬의 움직임을 연출합니다.

Man Hair Style Design

MAN-2021-088-1

MAN-2021-088-2

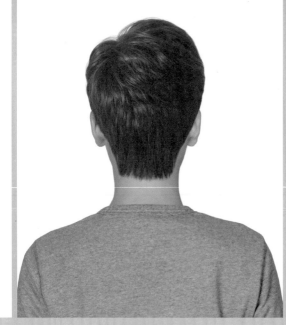

MAN-2021-088-3

Face Type			
계란형	긴계란형	둥근형	역삼각형
육각형	삼각형	네모난형	직사각형

Hair Cut Method-
Technology Manual 093 Page 참고

풍성한 볼륨과 포워드 웨이브 컬이 멋스럽고 사랑스러운 러블리 헤어스타일!

- 반짝반짝 윤기 나는 헤어 컬러 두둥실 율동하는 웨이브 컬이 사랑스럽고 아름다운 헤어스타일입니다.
- 언더에서 세밀하게 커트하여 목선과 얼굴선이 소프트하고 자연스러운 포워드 흐름을 연출합니다.
- 굵은 롯드로 1~1.5컬의 웨이브 파마를 합니다.
- 파마 시 뿌리 부분이 꺾이거나 눌리지 않도록 주의하여 파마를 합니다.
- 헤어 드라이기로 뿌리부터 말리면서 70%를 말린 후 글로스 왁스를 고르게 바르고, 손가락 빗질하면서 드라이하여 자연스러운 웨이브 컬의 움직임을 연출합니다.

Man Hair Style Design

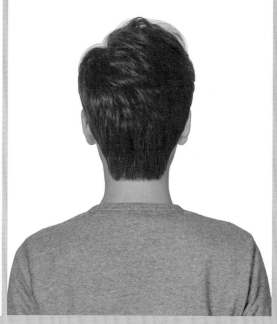

MAN-2021-089-1   MAN-2021-089-2   MAN-2021-089-3

Face Type			
계란형	긴계란형	둥근형	역삼각형
육각형	삼각형	네모난형	직사각형

Hair Cut Method-
Technology Manual 093 Page 참고

이미를 드러내는 풍성한 볼륨의 웨이브 컬이 개성적인 트렌디 감각의 헤어스타일!

- 손질이 편하도록 흐름을 만들어 주는 커트와 1~1.5컬의 웨이브 컬을 연출하여 아름답고 손질하기 쉬운 헤어스타일을 연출합니다.
- 굵은 롯드로 1~1.5컬의 웨이브 파마를 합니다.
- 파마 시 뿌리 부분이 꺾이거나 눌리지 않도록 주의하여 파마를 합니다.
- 헤어 드라이기로 뿌리부터 말리면서 70%를 말린 후 글로스 왁스를 고르게 바르고, 손가락 빗질하면서 드라이하여 자연스러운 웨이브 컬의 움직임을 연출합니다.

Man Hair Style Design

MAN-2021-090-1

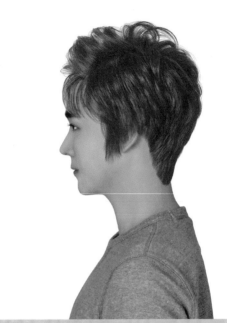

MAN-2021-090-2

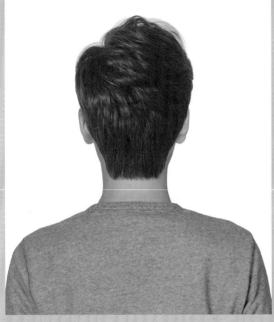

MAN-2021-090-3

Face Type

계란형 긴계란형 둥근형 역삼각형

육각형 삼각형 네모난형 직사각형

Hair Cut Method-
Technology Manual 093 Page 참고

시원하게 이미를 드러내고 두정부에서 율동하는 웨이브 컬이 사랑스러운 헤어스타일!

• 자연스러운 웨이브 컬과 부드러운 텍스처의 흐름이 자유롭고 사랑스러운 느낌을 주면서 멋스럽고 활동적인 남성미를 강조한 헤어스타일입니다.
• 굵은 롯드로 1~1.5컬의 웨이브 파마를 합니다.
• 파마 시 뿌리 부분이 꺾이거나 눌리지 않도록 주의하여 파마를 합니다.
• 헤어 드라이기로 뿌리부터 말리면서 70%를 말린 후 글로스 왁스를 고르게 바르고, 손가락 빗질하면서 드라이하여 자연스러운 웨이브 컬의 움직임을 연출합니다.

Man Hair Style Design

MAN-2021-091-1

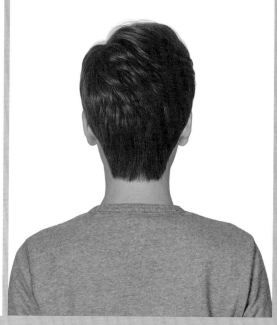

MAN-2021-091-2

MAN-2021-091-3

Face Type			
계란형	긴계란형	둥근형	역삼각형
육각형	삼각형	네모난형	직사각형

Hair Cut Method-
Technology Manual 093 Page 참고

시원하게 이마를 드러내면서 본래 곱슬머리처럼 자연스러운 헤어스타일!

• 곱슬머리처럼 자연스러운 웨이브 파마를 하여 단정하게 빗어준 흐름이 지적이면서 순수한 아름다움을 주는 헤어스타일입니다.

• 언더에서 세밀하게 커트하여 목선을 부드럽게 연출하고 굵은 롯드로 1~1.5컬의 웨이브 파마를 합니다.

• 파마 시 뿌리 부분이 꺾이거나 눌리지 않도록 주의하여 파마를 합니다.

• 헤어 드라이기로 뿌리부터 말리면서 70%를 말린 후 글로스 왁스를 고르게 바르고, 손가락 빗질하면서 드라이하여 자연스러운 웨이브 컬의 움직임을 연출합니다.

Man Hair Style Design

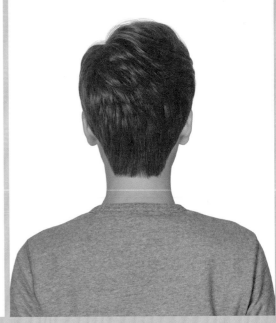

MAN-2021-092-1   MAN-2021-092-2   MAN-2021-092-3

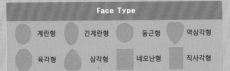

Face Type			
계란형	긴계란형	둥근형	역삼각형
육각형	삼각형	네모난형	직사각형

Hair Cut Method-
Technology Manual 035, 093 Page 참고

순수하고 단정하면서 부드러운 남성미를 강조한 댄디 헤어스타일!

• 귀를 보이게 하는 숏 헤어스타일은 라인, 곡선의 실루엣과 모발 끝의 흐름이 포인트입니다.

• 두정부에서 풍성한 볼륨으로 이마를 살짝 드러내어 넘겨 빗은 흐름이 활동적이고 지적인 이미지를 주는 헤어스타일입니다.

• 네이프를 짧고 가볍게 커트하여 목선의 아름다움을 강조하고 두정부와 앞머리를 길게 처리하여 이마에서 부드러운 율동감을 표현합니다.

• 굵은 롯드로 1~1.5컬의 웨이브 파마를 합니다.

• 파마 시 뿌리 부분이 꺾이거나 눌리지 않도록 주의하여 파마를 합니다.

• 헤어 드라이기로 뿌리부터 말리면서 70%를 말린 후 글로스 왁스를 고르게 바르고, 손가락 빗질하면서 드라이하여 자연스러운 웨이브 컬의 움직임을 연출합니다.

Man Hair Style Design

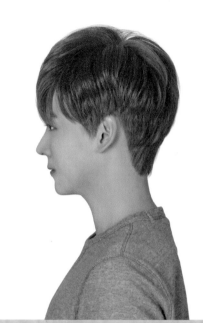

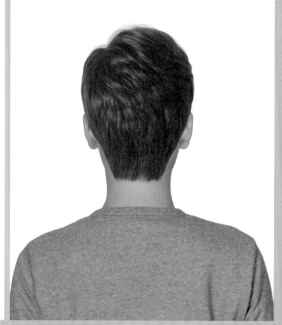

MAN-2021-093-1

MAN-2021-093-2

MAN-2021-093-3

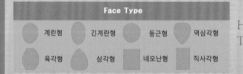

Face Type

| 계란형 | 긴계란형 | 둥근형 | 역삼각형 |
| 육각형 | 삼각형 | 네모난형 | 직사각형 |

Hair Cut Method-
Technology Manual 035, 093 Page 참고

단정하면서 순수한 아름다움을 주는 스포티 헤어스타일!

- 귀를 보이게 하는 숏 헤어스타일은 라인, 곡선의 실루엣 모발 끝의 흐름이 포인트입니다.
- 대부분 얼굴형에 잘 어울리는 헤어스타일이며 네이프를 짧고 가볍게 커트하여 목선의 아름다움을 강조하고 두정부와 앞머리를 길게 처리하여 이마에서 부드러운 율동감을 표현합니다.
- 굵은 롯드로 1~1.5컬의 웨이브 파마를 합니다.
- 파마 시 뿌리 부분이 꺾이거나 눌리지 않도록 주의하여 파마를 합니다.
- 헤어 드라이기로 뿌리부터 말리면서 80%를 말린 후 글로스 왁스를 고르게 바르고, 손가락 빗질하면서 드라이하여 자연스러운 웨이브 컬의 움직임을 연출합니다.

Man Hair Style Design

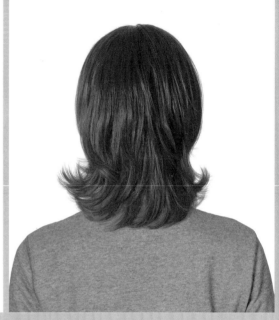

MAN-2021-094-1

MAN-2021-094-2

MAN-2021-094-3

Face Type

계란형	긴계란형	둥근형	역삼각형
육각형	삼각형	네모난형	직사각형

Hair Cut Method-
Technology Manual 196 Page 참고

곡선의 흐름으로 얼굴을 감싸고 어깨선으로 자연스럽게 뻗치는 컬이 사랑스러운 헤어스타일!

• 자연스러운 S라인으로 흐르는 컬의 율동감은 섬세하고 매혹적인 매력과 트렌디하고 멋스러운 남성미를 느끼게 하는 아름다운 헤어스타일입니다.

• 네이프에서 인크리스 레이어로 가볍고 가늘어지는 텍스처를 만들고, 톱 쪽으로 그러데이션 레이어드를 연결하여 풍성하고 부드러운 곡선의 실루엣을 연출합니다.

• 모발 길이 중간, 끝에서 틴닝 커트를 하여 모발량을 조절하고 슬라이딩 커트로 뾰족뾰족하고 가늘어지는 질감을 연출합니다.

• 1.2~1.7컬의 웨이브 파마를 해 줍니다.

• 헤어 드라이기로 뿌리부터 말리면서 70%를 말린 후 글로스 왁스를 고르게 바르고, 스크런치 드라이 기법으로 드라이하고 손가락으로 방향을 잡아 주고 빗질하여 자연스러운 컬의 움직임을 연출합니다.

Man Hair Style Design

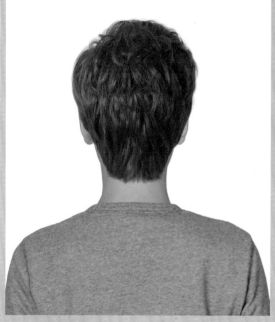

MAN-2021-095-1   MAN-2021-095-2   MAN-2021-095-3

Hair Cut Method–
Technology Manual 093 Page 참고

사랑스러운 웨이브 컬의 율동감이 멋스럽고 트렌디한 감성을 주는 헤어스타일!

- 짧은 헤어스타일이지만 감각적인 커트와 웨이브 컬로 사랑스럽고 큐트 감각을 살려 주는 아름다운 헤어스타일입니다.
- 가늘어지고 가벼운 흐름을 연출하여 자유롭게 율동하는 스타일의 표정을 연출합니다.
- 틴닝과 슬라이딩 커트로 가늘어지고 가벼운 흐름을 연출합니다.
- 굵은 롯드로 1~1.5컬의 웨이브 파마를 합니다.
- 파마 시 뿌리 부분이 꺾이거나 눌리지 않도록 주의하여 파마를 합니다.
- 헤어 드라이기로 뿌리부터 말리면서 70%를 말린 후 글로스 왁스를 고르게 바르고, 손가락 빗질하면서 드라이하여 자연스러운 웨이브 컬의 움직임을 연출합니다.

Man Hair Style Design

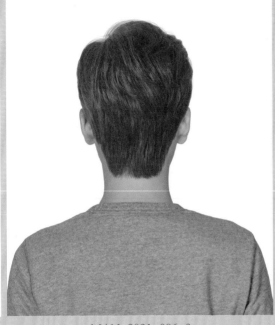

MAN-2021-096-1   MAN-2021-096-2   MAN-2021-096-3

Face Type			
계란형	긴계란형	둥근형	역삼각형
육각형	삼각형	네모난형	직사각형

Hair Cut Method-
Technology Manual 035, 093 Page 참고

부드럽고 높은 볼륨으로 빗어 올린 흐름이 부드러운 지성미를 강조한 헤어스타일!

• 자연스럽고 부드러운 남성 이미지에 잘 어울리는 헤어스타일로 부드러운 커트 흐름과 율동하는 웨이브 흐름을 연출하여 큐트 감성을 연출해 줍니다.

• 굵은 롯드로 1~1.5컬의 웨이브 파마를 합니다.

• 헤어 드라이기로 뿌리부터 말리면서 80%를 말린 후 글로스 왁스를 고르게 바르고, 손가락으로 빗질하면서 드라이하여 자연스러운 웨이브 컬의 움직임을 연출합니다.

Man Hair Style Design

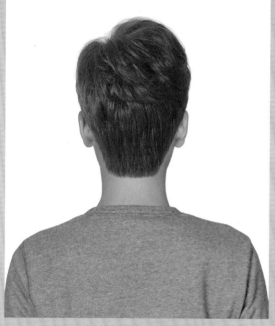

MAN-2021-097-1   MAN-2021-097-2   MAN-2021-097-3

Face Type			
계란형	긴계란형	둥근형	역삼각형
육각형	삼각형	네모난형	직사각형

Hair Cut Method-
Technology Manual 035, 093 Page 참고

손질하지 않는 듯 자유롭게 율동하는 웨이브 컬이 사랑스러운 러블리 댄디 헤어스타일!

• 아주 짧은 헤어스타일이지만 두정부에서 높은 볼륨과 앞머리를 길게 처리하여 자유로운 웨이브 컬을 연출하면 멋스럽고 사랑스러운 헤어스타일이 연출됩니다.

• 파마를 하면서 뿌리 부분이 눌리거나 꺾이지 않도록 주의하여 파마를 하여야 손질하기 편한 헤어스타일이 연출됩니다.

• 굵은 롯드로 1~1.5컬의 웨이브 파마를 합니다.

• 헤어 드라이기로 뿌리부터 말리면서 70%를 말린 후 글로스 왁스를 고르게 바르고, 손가락 빗질하면서 드라이하여 자연스러운 웨이브 컬의 움직임을 연출합니다.

Man Hair Style Design

MAN-2021-098-1

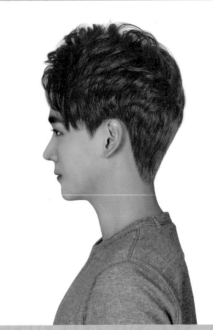

MAN-2021-098-2

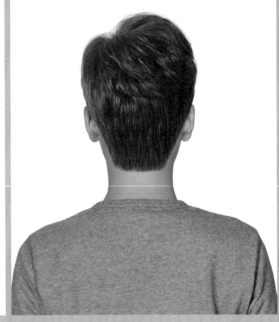

MAN-2021-098-3

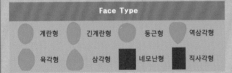

Face Type			
계란형	긴계란형	둥근형	역삼각형
육각형	삼각형	네모난형	직사각형

Hair Cut Method-
Technology Manual 035, 093 Page 참고

깨끗하고 청순한 이미지와 부드러움이 느껴지는 스포티 감각의 헤어스타일!

• 시원하게 이마와 귀를 드러내는 짧은 댄디 감성의 헤어스타일로 활동적이면서 단정하고 차분한 남성미를 강조하기 위해 부드러운 모발 흐름과 웨이브 컬을 연출합니다.

• 굵은 롯드로 1~1.5컬의 웨이브 파마를 합니다.

• 헤어 드라이기로 뿌리부터 말리면서 80%를 말린 후 글로스 왁스를 고르게 바르고, 손가락 빗질하면서 드라이하여 자연스러운 웨이브 컬의 움직임을 연출합니다.

Man Hair Style Design

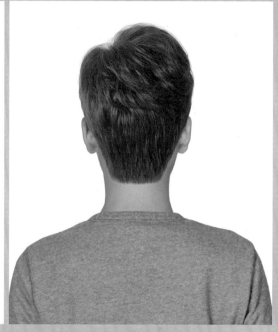

| MAN-2021-099-1 | MAN-2021-099-2 | MAN-2021-099-3 |

Face Type

계란형   긴계란형   둥근형   역삼각형

육각형   삼각형   네모난형   직사각형

Hair Cut Method-
Technology Manual 035, 093 Page 참고

차분하고 단정하면서 활동적이고 부드러운 남성미가 느껴지는 댄디 감성의 헤어스타일!

- 댄디 헤어스타일로 단순하고 딱딱한 느낌을 주지 않기 위해 부드러운 흐름의 커트를 하고 자연스럽게 넘겨지는 웨이브 파마를 합니다.
- 굵은 롯드로 1~1.5컬의 웨이브 파마를 합니다.
- 헤어 드라이기로 뿌리부터 말리면서 70%를 말린 후 글로스 왁스를 고르게 바르고, 손가락 빗질하면서 드라이하여 자연스러운 웨이브 컬의 움직임을 연출합니다.

Man Hair Style Design

MAN-2021-100-1

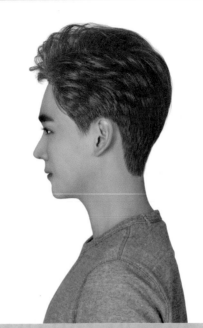
MAN-2021-100-2

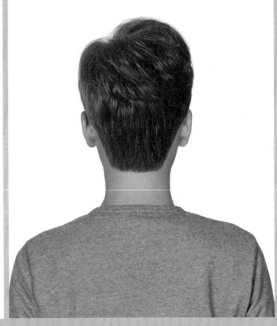
MAN-2021-100-3

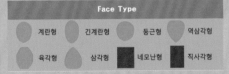

Face Type			
계란형	긴계란형	동근형	역삼각형
육각형	삼각형	네모난형	직사각형

Hair Cut Method-
Technology Manual 035, 093 Page 참고

시원하게 이마를 드러내고 자연스럽게 빗어 넘겨진 흐름이 부드러운 지성미를 강조한 헤어스타일!

• 본래 곱슬머리는 손질하기 편하지만, 직모의 머릿결의 고객은 자연스럽고 손질하기 편한 흐름의 웨이브 컬이 부럽고 사랑스럽습니다.

• 파마를 하면서 뿌리 부분이 눌리거나 꺾이지 않도록 주의하여 파마를 하여야 손질하기 편한 헤어스타일이 연출됩니다.

• 굵은 롯드로 1~1.5컬의 웨이브 파마를 합니다.

• 헤어 드라이기로 뿌리부터 말리면서 80%를 말린 후 글로스 왁스를 고르게 바르고, 손가락 빗질하면서 드라이하여 자연스러운 웨이브 컬의 움직임을 연출합니다.

Man Hair Style Design

MAN-2021-101-1 · MAN-2021-101-2 · MAN-2021-101-3

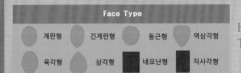

Face Type

| 계란형 | 긴계란형 | 둥근형 | 역삼각형 |
| 육각형 | 삼각형 | 네모난형 | 직사각형 |

Hair Cut Method-
Technology Manual 035, 093 Page 참고

단정하면서 활동적이고 지성미가 느껴지는 트렌디한 감성의 헤어스타일!

- 아주 짧은 헤어스타일에서 느껴지는 딱딱함과 단순한 이미지를 커버하기 위해 부드러운 웨이브 컬을 연출합니다.
- 굵은 롯드로 1~1.5컬의 웨이브 파마를 합니다.
- 헤어 드라이기로 뿌리부터 말리면서 80%를 말린 후 글로스 왁스를 고르게 바르고, 손가락 빗질하면서 드라이하여 자연스러운 웨이브 컬의 움직임을 연출합니다.

Man Hair Style Design

| MAN-2021-102-1 | MAN-2021-102-2 | MAN-2021-102-3 |

Face Type
| 계란형 | 긴계란형 | 둥근형 | 역삼각형 |
| 육각형 | 삼각형 | 네모난형 | 직사각형 |

Hair Cut Method-
Technology Manual 035, 093 Page 참고

단정하면서 세련되고 지적인 이미지가 느껴지는 댄디 헤어스타일!

- 활동적이면서 지적이며 격조와 품위가 느껴지는 트렌디 감성의 헤어스타일입니다.
- 부드러운 웨이브 컬과 자연스러운 흐름을 연출하여 섬세하고 세련된 남성미를 강조합니다.
- 굵은 롯드로 1~1.5컬의 웨이브 파마를 합니다.
- 헤어 드라이기로 뿌리부터 말리면서 70%를 말린 후 글로스 왁스를 고르게 바르고, 손가락 빗질하면서 드라이하여 자연스러운 웨이브 컬의 움직임을 연출합니다.

Man Hair Style Design

MAN-2021-103-1   MAN-2021-103-2   MAN-2021-103-3

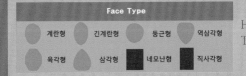

Face Type

계란형	긴계란형	둥근형	역삼각형
육각형	삼각형	네모난형	직사각형

Hair Cut Method-
Technology Manual 035, 093 Page 참고

차분하고 단정하면서 소년스러운 이미지가 느껴지는 큐트 감성의 헤어스타일!

• 곱슬 머릿결처럼 부드러운 웨이브 컬의 흐름이 차분하고 청순한 아름다움을 느끼게 하는 댄디 헤어스타일로 부드럽고 순수하고 세련된 느낌의 헤어스타일입니다.

• 언더에서 짧은 하이 그러데이션으로 커트하여 시원하게 목선과 귀선을 보이게 하고, 톱 쪽에서 레이어드를 넣어서 가볍고 부드러운 실루엣을 연출합니다.

• 틴닝 커트를 모발 길이 중간 끝부분에 넣어 주어 가벼운 흐름을 연출합니다.

• 굵은 롯드로 1~1.5컬의 웨이브 파마를 합니다.

• 헤어 드라이기로 뿌리부터 말리면서 80%를 말린 후 글로스 왁스를 고르게 바르고, 손가락 빗질하면서 드라이하여 자연스러운 웨이브 컬의 움직임을 연출합니다.

Man Hair Style Design

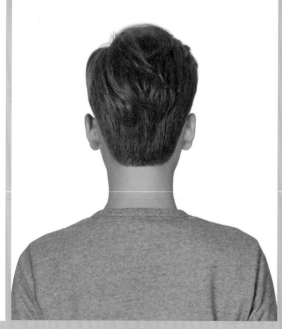

MAN-2021-104-1   MAN-2021-104-2   MAN-2021-104-3

Face Type			
계란형	긴계란형	둥근형	역삼각형
육각형	삼각형	네모난형	직사각형

Hair Cut Method-
Technology Manual 035, 093 Page 참고

자유롭게 율동하는 웨이브 컬이 사랑스러운 큐트 감성의 헤어스타일!

• 짧게 커트한 헤어스타일이지만 톱과 앞머리를 길게 하고 율동하는 웨이브 컬을 연출하여 사랑스럽고 자유로운 개성을 연출한 러블리 헤어스타일입니다.

• 파마를 하면서 뿌리 부분이 눌리거나 꺾이지 않도록 주의하여 파마를 하여야 손질하기 편한 헤어스타일이 연출됩니다.

• 굵은 롯드로 1~1.5컬의 웨이브 파마를 합니다.

• 헤어 드라이기로 뿌리부터 말리면서 80%를 말린 후 글로스 왁스를 고르게 바르고, 손가락 빗질하면서 드라이하여 자연스러운 웨이브 컬의 움직임을 연출합니다.

Man Hair Style Design

MAN-2021-105-1   MAN-2021-105-2   MAN-2021-105-3

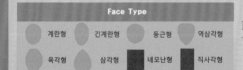

Hair Cut Method-
Technology Manual 035, 093 Page 참고

차분하고 단정하면서 격조와 품위가 느껴지는 트렌디 감성의 헤어스타일!

- 시원하게 이마를 드러내면서 사이드로 앞머리를 내려주어 차분하면서 부드러운 흐름을 연출하여 지적이면서 부드러운 남성미를 강조합니다.
- 파마를 하면서 뿌리 부분이 눌리거나 꺾이지 않도록 주의하여 파마를 하여야 손질하기 편한 헤어스타일이 연출됩니다.
- 굵은 롯드로 1~1.5컬의 웨이브 파마를 합니다.
- 헤어 드라이기로 뿌리부터 말리면서 70%를 말린 후 글로스 왁스를 고르게 바르고, 손가락 빗질하면서 드라이하여 자연스러운 웨이브 컬의 움직임을 연출합니다.

Man Hair Style Design

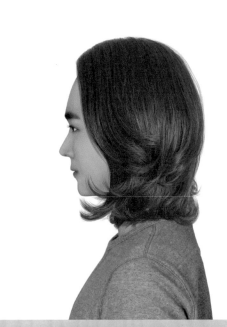

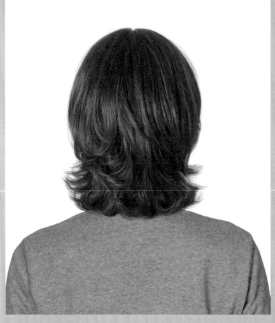

MAN-2021-106-1   MAN-2021-106-2   MAN-2021-106-3

Hair Cut Method-
Technology Manual 186 Page 참고

보송보송 리드미컬한 컬이 섹시함과 내추럴함을 담은 레트로 감성의 헤어스타일!

• 부드러운 흐름으로 목선에서 뻗치는 흐름은 산뜻함과 스위트함을 주는 아름다운 헤어스타일입니다.

• 언더에서 하이 그러데이션으로 가볍고 가늘어지는 텍스처를 만들고, 톱 쪽으로 레이어드를 연결하여 풍성하고 부드러운 곡선의 실루엣을 연출합니다.

• 모발 길이 중간, 끝에서 틴닝 커트를 하여 모발량을 조절하고 슬라이딩 커트로 뾰족뾰족하고 가늘어지는 질감을 연출합니다.

• 1.5~1.7컬의 웨이브 파마를 해 줍니다.

• 헤어 드라이기로 뿌리부터 말리면서 70%를 말린 후 글로스 왁스를 고르게 바르고, 스크런치 드라이 기법으로 드라이하고 손가락으로 방향을 잡아 주고 빗질하여 자연스러운 컬의 움직임을 연출합니다.

Man Hair Style Design

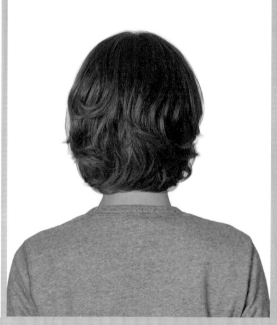

MAN-2021-107-1   MAN-2021-107-2   MAN-2021-107-3

Hair Cut Method–
Technology Manual 110 Page 참고

윤기를 머금은 듯 꿈틀거리는 웨이브 컬의 아름다움이 극대화되는 시크 감성의 헤어스타일!

- 컬러 감각이 느껴지는 S컬의 자유로운 율동감이 환상적이고 여성의 마음을 설레게 하는 매혹적인 아름다운 헤어스타일입니다.
- 수평라인으로 그러데이션 커트를 하고, 톱 쪽으로 레이어드를 연결하여 부드럽고 가벼운 층을 만듭니다.
- 모발 길이 중간, 끝부분에서 틴닝 커트로 모발량을 조절합니다.
- 1.5~1.7컬의 웨이브 파마를 해 줍니다.
- 헤어 드라이기로 뿌리부터 말리면서 70%를 말린 후 글로스 왁스를 고르게 바르고, 스크런치 드라이 기법으로 드라이하고 손가락으로 방향을 잡아 주고 손가락 빗질을 하여 자연스러운 컬의 움직임을 연출합니다.

Man Hair Style Design

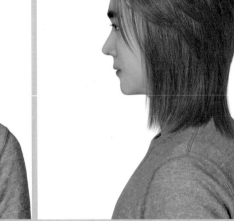

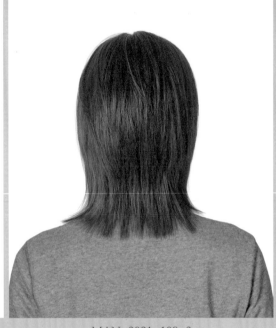

MAN-2021-108-1   MAN-2021-108-2   MAN-2021-108-3

Hair Cut Method-
Technology Manual 186 Page 참고

바람결에 휘날리듯 손질하지 않은 듯 자유로운 흐름이 아름다운 에콜로지 감성의 헤어스타일!

- 손질하지 않은 듯 자유롭게 손가락으로 빗고 털어 주는 모발 흐름은 순수하고 활동적이고, 지나친 조형미를 배척하는 스타일이어서 손질하기 편하고 자연스러운 헤어스타일입니다.
- 언더에서 하이 그러데이션으로 가볍고 가늘어지는 텍스처를 만들고, 톱 쪽으로 레이어드를 연결하여 가늘어지고 가벼운 흐름을 연출합니다.
- 모발 길이 중간 끝에서 틴닝 커트를 하여 모발량을 조절하고, 슬라이딩 커트로 뾰족뾰족하고 가늘어지는 질감을 연출합니다.
- 곱슬머리는 부드럽게 스트레이트 파마를 해 줍니다.
- 헤어 드라이기로 뿌리부터 말리면서 80%를 말린 후 글로스 왁스를 고르게 바르고, 손가락으로 빗질하고 털어서 자연스러운 흐름을 연출합니다.

Man Hair Style Design

MAN-2021-109-1

MAN-2021-109-2

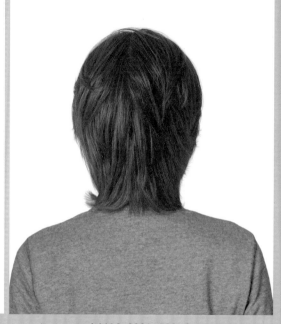

MAN-2021-109-3

Face Type			
계란형	긴계란형	둥근형	역삼각형
육각형	삼각형	네모난형	직사각형

Hair Cut Method-
Technology Manual 186 Page 참고

억지스럽지 않고 유유히 자유롭게 흐르는 모류가 낭만적이고 로맨틱한 헤어스타일!

- 지나친 조형미를 배격하고 손질하지 않은 듯 자유롭게 스타일링한 느낌이 에콜로지 감성을 자극합니다.
- 언더에서 하이 그러데이션으로 가볍고 가늘어지는 텍스처를 만들고, 톱 쪽으로 레이어드를 연결하여 부드러운 곡선의 실루엣을 연출합니다.
- 모발 길이 중간, 끝에서 틴닝 커트를 하여 모발량을 조절하고 슬라이딩 커트로 가늘어지는 질감을 연출합니다.
- 1.5~1.7컬의 풀린 듯 느슨한 웨이브 파마를 해 줍니다.
- 헤어 드라이기로 뿌리부터 말리면서 70%를 말린 후 글로스 왁스를 고르게 바르고, 스크런치 드라이 기법으로 드라이하고 손가락으로 방향을 잡아 주고 빗질하여 자연스러운 컬의 움직임을 연출합니다.

Man Hair Style Design

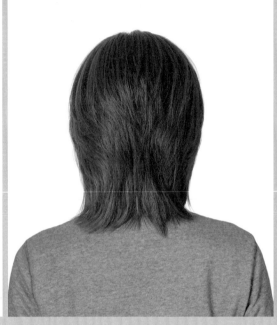

MAN-2021-110-1 MAN-2021-110-2 MAN-2021-110-3

Hair Cut Method-
Technology Manual 196 Page 참고

긴 앞머리가 얼굴에 걸쳐지는 느낌의 웨이브 흐름이 개성을 연출해 주는 헤어스타일!

• 풀리고 느슨한 컬이 흐트러진 듯 모류를 연출하는 스타일링은 편안하고 휴식을 주는 느낌의 낭만적인 헤어스타일입니다.
• 언더에서 하이 그러데이션으로 가볍고 가늘어지는 텍스처를 만들고, 톱 쪽으로 레이어드를 연결하여 부드러운 실루엣을 연출합니다.
• 모발 길이 중간, 끝에서 틴닝 커트를 하여 모발량을 조절하고, 슬라이딩 커트로 가늘어지는 가벼운 질감을 연출합니다.
• 1.5~1.7컬의 풀린 듯 느슨한 웨이브 파마를 해 줍니다.
• 헤어 드라이기로 뿌리부터 말리면서 80%를 말린 후 글로스 왁스를 고르게 바르고, 손가락으로 방향을 잡아 주고 빗질하여 자연스러운 움직임을 연출합니다.

Man Hair Style Design

MAN-2021-111-1

MAN-2021-111-2

MAN-2021-111-3

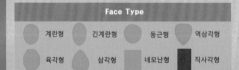

Face Type

계란형	긴계란형	둥근형	역삼각형
육각형	삼각형	네모난형	직사각형

Hair Cut Method-
Technology Manual 108 Page 참고

바람결에 자연스럽게 흔들리는 모류가 지적이고 편안함을 느끼게 하는 내추럴 헤어스타일!

- 이마를 시원스럽게 드러내고 바람결에 빗어 넘겨진 듯 자연스러운 모발 흐름이 지적이고 편안함을 즐기는 에콜로지 감성의 헤어스타일입니다.
- 언더에서 하이 그러데이션으로 가볍고 가늘어지는 텍스처를 만들고, 톱 쪽으로 레이어드를 연결하여 가벼운 흐름을 연출합니다.
- 모발 길이 중간, 끝에서 틴닝 커트를 하여 모발량을 조절하고 슬라이딩 커트로 뾰족뾰족하고 가늘어지는 질감을 연출합니다.
- 곱슬머리는 롤 스트레이트 파마를 해 줍니다.
- 헤어 드라이기로 뿌리부터 말리면서 80%를 말린 후 글로스 왁스를 고르게 바르고, 손가락으로 빗질하여 움직임을 연출합니다.

Man Hair Style Design

MAN-2021-112-1

MAN-2021-112-2

MAN-2021-112-3

Face Type

계란형　긴계란형　둥근형　역삼각형

육각형　삼각형　네모난형　직사각형

Hair Cut Method-
Technology Manual 196 Page 참고

부드럽고 순수한 이미지와 여성스러운 느낌을 주는 헤어스타일!

• 윤기감이 느껴지는 차분한 생머리의 흐름은 순수하고 맑은 감성이 느껴지는 헤어스타일입니다.

• 언더에서 그러데이션으로 커트하면서 목덜미의 부드러움을 연출하고, 톱 쪽에서 레이어드 커트로 후두부의 부드러움과 볼륨 있는 실루엣을 연출합니다.

• 측면은 얼굴을 감싸는 사선 라인으로 가볍게 커트합니다.

• 헤어 드라이기로 뿌리부터 말리면서 80%를 말린 후 글로스 왁스를 고르게 바르고, 손가락 빗질하면서 드라이하여 자연스러운 움직임을 연출합니다.

Man Hair Style Design

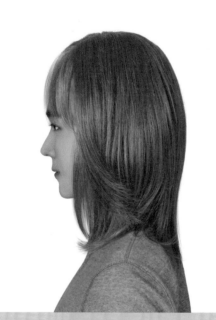

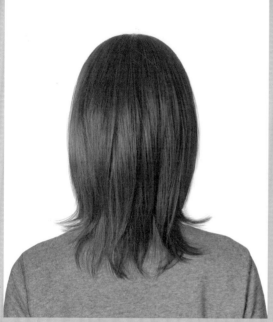

MAN-2021-113-1   MAN-2021-113-2   MAN-2021-113-3

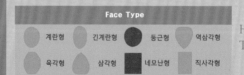

Hair Cut Method-
Technology Manual 186 Page 참고

윤기를 머금은 듯 반짝거리는 머릿결과 자유로운 모발 흐름이 섬세함과 큐트함을 주는 헤어스타일!

• 반짝거리는 헤어 컬러, S라인으로 춤을 추듯 생머리의 자유로운 흐름이 생기 있고 섬세한 남성미를 느끼게 하는 러블리 헤어스타일입니다.
• 언더에서 가늘어지고 가벼운 흐름을 만들기 위해 층이 많이 나는 하이 그러데이션으로 커트하고, 톱 쪽에서 레이어드를 연결하여 부드럽게 떨어지는 흐름을 연출합니다.
• 모발 길이 중간, 끝에서 틴닝 커트를 하여 모발량을 조절하고, 앞머리를 시스루 느낌으로 내려주고 슬라이딩커트로 질감을 표현합니다.
• 원컬의 스트레이트 파마를 합니다.
• 헤어 드라이기로 뿌리부터 말리면서 80%를 말린 후 글로스 왁스를 고르게 바르고, 자유롭게 털어서 스타일링을 합니다.

Man Hair Style Design

MAN-2021-114-1   MAN-2021-114-2   MAN-2021-114-3

Face Type

계란형   긴계란형   동근형   역삼각형

육각형   삼각형   네모난형   직사각형

Hair Cut Method-
Technology Manual 211 Page 참고

손질하지 않은 듯 자연스럽게 흔들거리는 웨이브 흐름이 달콤한 러블리 헤어스타일!

• 풀리고 느슨하여 바람결에 날리는 듯 율동하는 롱 헤어스타일은 신비롭고 달콤하여 설레게 하는 매혹적인 스타일의 향기가 느껴지는 아름다운 러블리
  헤어스타일입니다.

• 롱 레이어드 커트로 가볍게 층지게 커트하고 모발 길이 중간, 끝부분에서 틴닝 커트를 하여 가벼운 흐름을 연출하고 슬라이딩 커트로 끝부분이 가늘어지는 질감을
  표현하고, 굵은 롯드로 뿌리 부분 가까이 와인딩을 하여 느슨하면서 풀린 듯한 웨이브 파마를 합니다.

• 헤어 드라이기로 뿌리부터 말리면서 70%를 말린 후 글로스 왁스를 고르게 바르고, 스크런치 드라이 기법으로 풍성한 볼륨을 만들고 털어 주면서 자연스러운 컬의
  움직임을 연출합니다.

Lim Kyung Keun
Creative Hair Style Design 5
Man Hair Style Design

초판 1쇄 발행	2022년 10월 1일
초판 1쇄 발행	2022년 10월 10일

지 은 이 | 임경근
펴 낸 이 | 박정태
편 집 이 사 | 이명수   감수교정 | 정하경
편 집 부 | 김동서, 전상은, 김지희
마 케 팅 | 박명준, 박두리   온라인마케팅 | 박용대
경 영 지 원 | 최윤숙

펴낸곳	주식회사 광문각출판미디어
출판등록	2022. 9. 2 제2022-000102호
주소	파주시 파주출판문화도시 광인사길 161 광문각 B/D 3F
전화	031)955-8787
팩스	031)955-3730
E-mail	kwangmk7@hanmail.net
홈페이지	www.kwangmoonkag.co.kr

ISBN	979-11-980059-5-3 14590
	979-11-980059-0-8 (세트)
가격	18,000원(제5권)
	200,000원(전6권 세트)

※ 본 도서는 네이버에서 제공한 나눔글꼴을 사용하여 제작되었습니다.

헤어스타일은 대다수 사람의 주요 관심사입니다. 개인은 어떤 스타일이 자기에게 잘 어울릴 것인가를 지향하면서 개성을 표현하고자 합니다. 이러한 소망을 담아 914세트의 헤어스타일 작품과 역학적인 원리를 활용한 헤어스타일 조형의 기술 매뉴얼, 헤어스타일 상담 기법, 헤어디자인 등을 이 책《임경근 크리에이티브 헤어스타일 디자인》에 수록하였습니다. 미용계 역사에 길이 남을 큰 업적으로 평가되며, 미용업계에 몸담은 전문가뿐만 아니라 미용 대학 에서 수학하고 있는 학생들에게도 많은 도움을 주리라 믿어 의심치 않습니다.

정화예술대학교 한기정 총장

AI

Lim Kyung Keun
Creative Hair Style Design
임경근 크리에이티브 헤어스타일 디자인

값: 18,000원

14590

9 791198 005953

ISBN 979-11-980059-5-3 14590
ISBN 979-11-980059-0-8 (세트)